Mohd Anees Siddiqui

Distribuição de temperatura na soldadura por fricção de ligas de alumínio

Mohd Anees Siddiqui

Distribuição de temperatura na soldadura por fricção de ligas de alumínio

Modelação e Simulação do Processo de Soldadura por Fricção utilizando o HyperWorks

Imprint

Any brand names and product names mentioned in this book are subject to trademark, brand or patent protection and are trademarks or registered trademarks of their respective holders. The use of brand names, product names, common names, trade names, product descriptions etc. even without a particular marking in this work is in no way to be construed to mean that such names may be regarded as unrestricted in respect of trademark and brand protection legislation and could thus be used by anyone.

Cover image: www.ingimage.com

This book is a translation from the original published under ISBN 978-3-659-85807-9.

Publisher:
Sciencia Scripts
is a trademark of
Dodo Books Indian Ocean Ltd. and OmniScriptum S.R.L publishing group

120 High Road, East Finchley, London, N2 9ED, United Kingdom
Str. Armeneasca 28/1, office 1, Chisinau MD-2012, Republic of Moldova, Europe
Printed at: see last page
ISBN: 978-620-8-30935-0

ÍNDICE DE CONTEÚDOS

ABREVIATURAS

AA	—	Aluminium Alloy
ANOVA	—	Analysis of Variance
DOE	—	Design of Experiment
FSW	—	Friction Stir Welding
HAZ	—	Heat Affected Zone
RPM	—	Rotation per minute
TMAZ	—	Thermo-mechanically affected zone
TWI	—	The Welding Institute
TR	—	Tool Rotation
TEMP	—	Temperature
WS	—	Welding Speed

CAPÍTULO 1

INTRODUÇÃO

Este capítulo apresenta o conceito de soldadura por fricção, incluindo o princípio de funcionamento, os parâmetros, as diferentes zonas, as vantagens, a aplicação e outros aspectos relacionados. A motivação e os objectivos do presente trabalho são também abordados.

1.1. Soldadura por fricção

A soldadura por fricção é uma das técnicas classificadas no âmbito da união em estado sólido desenvolvida pelo TWI em 1991 [1] e é amplamente utilizada para a soldadura de metais leves e difíceis de soldar e suas ligas, como o alumínio, o magnésio, o cobre, etc. [46]. A soldadura por fricção está a ser utilizada em várias aplicações de engenharia, que requerem a união de combinações de materiais diferentes e que não são viáveis utilizando técnicas convencionais de soldadura por fusão. Através deste método, podem ser soldadas peças de trabalho sob a forma de placas, chapas e tubos ocos. Os desenvolvimentos na soldadura por fricção conduziram a diferentes variantes, tais como o processamento por fricção, a soldadura por pontos por fricção, a canalização por fricção, etc., que trouxeram uma revolução no domínio da tecnologia de união em estado sólido [46]. A soldadura por fricção é um processo simples em que uma ferramenta cilíndrica rotativa com um ombro e um pino perfilado é mergulhada nas placas adjacentes a unir e percorre a linha da junta. Um esquema do processo de soldadura por fricção é apresentado na figura 1.1.

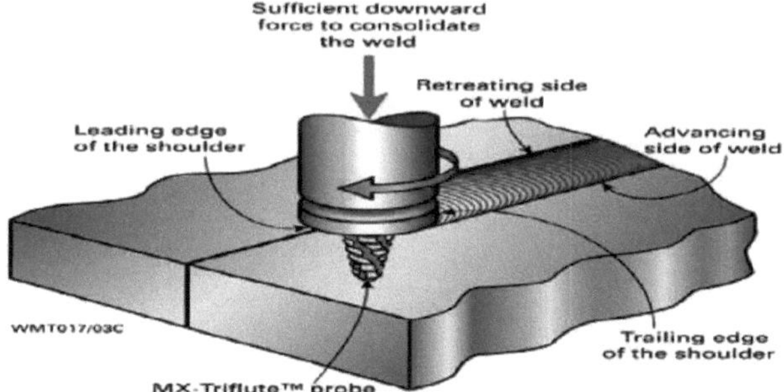

Fig 1.1 Processo de soldadura por fricção. [55]

1.1.1. Princípio de funcionamento

Uma ferramenta rotativa é pressionada contra a superfície de duas chapas encostadas ou sobrepostas. O lado da soldadura em que a ferramenta rotativa se move na mesma direção que a direção de deslocação é normalmente conhecido como o lado de avanço e o outro lado, em que a rotação da ferramenta se opõe à direção de deslocação, é conhecido como o lado de recuo. Uma caraterística importante da ferramenta é uma sonda (pino) que se projecta da base da ferramenta (o ombro), e tem um comprimento apenas marginalmente inferior à espessura da placa. É gerado calor por fricção, principalmente devido à elevada pressão normal e à ação de corte do ombro. [40]. A temperatura máxima gerada no processo de soldadura por fricção varia entre 70% e 90% do ponto de fusão, pelo que os defeitos de soldadura associados à fase de fusão são minimizados [4].

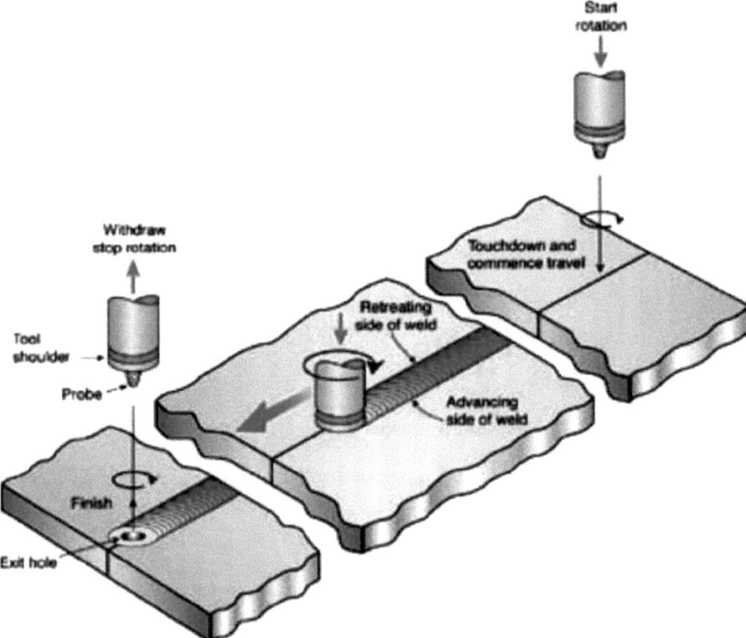

Fig. 1.2 Princípio do processo de soldadura por fricção inventado no TWI. [63]

1.1.2 Parâmetros FSW

Embora os princípios gerais do efeito das variáveis do processo no processo de soldadura por fricção tenham muito em comum com outros processos de soldadura, existem muitos factores que podem afetar a resposta do resultado. As principais variáveis de processo na soldadura por fricção são enumeradas a seguir:

-Velocidade de rotação da ferramenta

-Velocidade de soldadura

-Diâmetro do ombro

-Diâmetro e perfil do pino

-Força axial

-Ângulo de inclinação

-Material da peça de trabalho

-Material do ombro   e do pino

Todos estes parâmetros podem afetar significativamente as caraterísticas da junta de soldadura. A velocidade de rotação da ferramenta é a velocidade de rotação da ferramenta de soldadura por fricção e pode ser diretamente relacionada com a geração de calor por fricção [23]. O termo velocidade de soldadura é preferido à velocidade transversal, que é a taxa de deslocação da ferramenta ao longo da linha da junta. A velocidade de rotação da ferramenta e a velocidade de soldadura decidem se está a ser fornecido calor suficiente para soldar, de modo a afetar favoravelmente as caraterísticas da soldadura.

As forças são parâmetros importantes da tecnologia de soldadura por fricção. A força aplicada paralelamente ao eixo de rotação da ferramenta (direção Z) é a força descendente e as forças aplicadas paralelamente à direção de soldadura (direção X) são as forças transversais. A força desenvolvida numa direção perpendicular a ambas as forças X e Z é a força lateral (direção Y).

A ferramenta é constituída por três partes, nomeadamente o diâmetro do ombro, o pino e a haste. O pino é responsável pela agitação adequada do material e pelo transporte do material plastificado do bordo de ataque da ferramenta para o bordo de fuga da ferramenta [47]. O ombro é a parte da ferramenta que produz a maior parte do calor devido à sua fricção com a superfície da peça de trabalho. O ombro gera o calor de fricção e também impede a fuga do material plastificado da superfície superior da peça de trabalho. A Figura 1.3 mostra a representação esquemática de diferentes parâmetros na soldadura por fricção, que inclui (a) a taxa de rotação da ferramenta (v, rpm) no sentido dos ponteiros do relógio ou no sentido contrário ao dos ponteiros do relógio, (b) a velocidade de deslocação da ferramenta (mm/min) ao longo da linha da junta, (c) o ângulo 0 de inclinação do fuso ou da ferramenta em relação à superfície da peça de trabalho, (d) a profundidade alvo, ou seja, a profundidade de inserção do pino nas peças de trabalho [53].

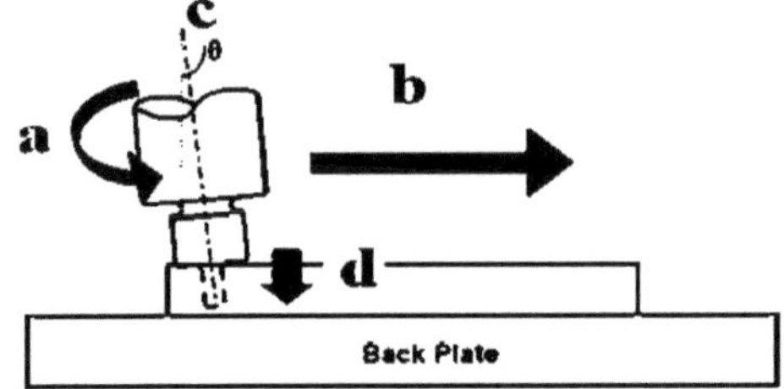

Fig. 1.3 Parâmetros de soldadura.

O principal interesse em estudar o efeito das variáveis do processo reside na compreensão do efeito do processo nas propriedades da junta, incluindo as propriedades mecânicas e metalúrgicas estáticas, com o objetivo de maximizar a produtividade, o desempenho e a reprodutibilidade. O processo de soldadura afecta estas propriedades da junta principalmente através da geração e dissipação de calor, pelo que deve ser dada atenção primária ao efeito das variáveis do processo de soldadura na geração de calor e resultados relacionados [16,41]. A Figura 1.4 mostra diferentes tipos de juntas para a soldadura por fricção: (a) junta quadrada, (b) junta de topo, (c) junta em T, (d) junta sobreposta, (e) junta sobreposta múltipla, (f) junta sobreposta em T, e (g) junta de filete [3].

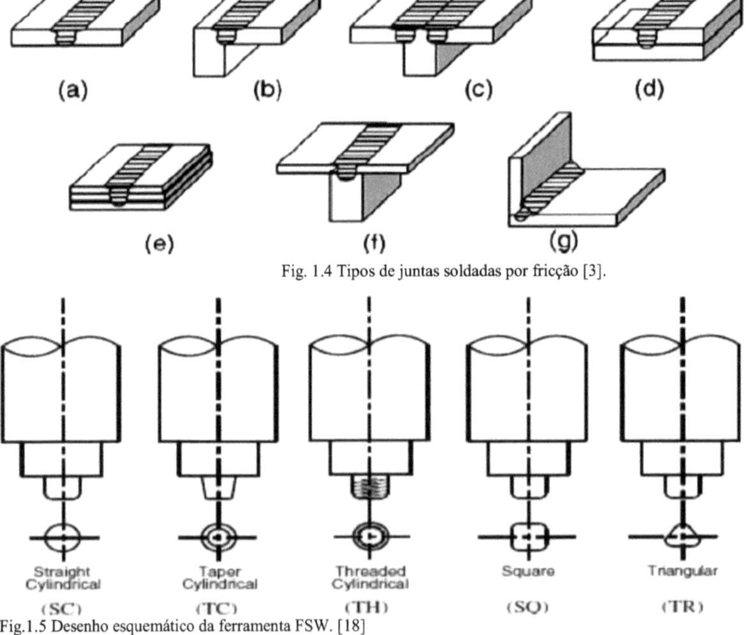

Fig. 1.4 Tipos de juntas soldadas por fricção [3].

Fig.1.5 Desenho esquemático da ferramenta FSW. [18]

1.1.3. Diferentes zonas na soldadura por fricção

A microestrutura numa secção transversal de uma junta FSW pode ser dividida em várias zonas [41].

A Figura 1.3 mostra as diferentes zonas identificadas pelos investigadores na FSW de uma liga de alumínio que tem A. Material não afetado, B. Zona afetada pelo calor (HAZ), C. Zona afetada termomecanicamente (TMAZ), D. Nugget de soldadura (parte da zona afetada termomecanicamente

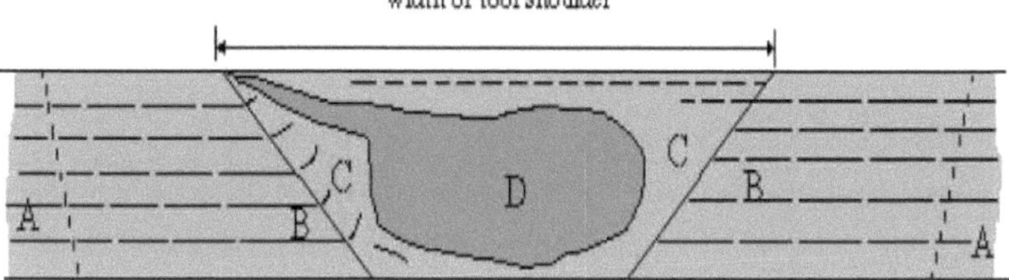

Fig. 1.6 Zonas de soldadura na secção transversal da placa

Nugget de soldadura: O centro da soldadura, geralmente referido como a "zona de pepita", consiste numa estrutura de grão muito fino. A maioria dos limites de grão dentro da zona nugget é de ângulo elevado, e acredita-se que se forma através de recristalização dinâmica [10,39]. A largura da zona de pepitas depende da combinação do desenho da ferramenta, dos parâmetros de soldadura e da composição da liga. A microestrutura aqui é determinada pela ação de fricção entre a face do ombro e o material. Sugere-se que esta área seja tratada como uma sub-zona separada da TMAZ.

Zona termomecanicamente afetada (TMAZ): Nesta região, o material é afetado pelo calor de fricção e deformado mecanicamente pela ferramenta de soldadura por fricção. No caso do alumínio, existe uma fronteira distinta entre a zona recristalizada e as zonas deformadas da TMAZ. Anteriormente, estas duas subzonas eram tratadas como regiões microestruturais distintas. No entanto, trabalhos posteriores noutros materiais mostraram que o alumínio se comporta de uma forma diferente da maioria dos outros materiais. Noutros materiais, a região recristalizada distinta (a pepita) está ausente, e toda a TMAZ parece estar recristalizada. Esta é uma caraterística de materiais como o titânio puro, o cobre e os aços inoxidáveis austeníticos, que não têm transformação de fase induzida termicamente, o que induziria a transformação na ausência de tensão [39]. A transformação de fase induzida termicamente que ocorre nos aços ferríticos pode dificultar a interpretação da microestrutura e a definição exacta da fronteira TMAZ/HAZ.

Zona afetada pelo calor (ZAC): Ao redor da ZTA está a ZTA. Nesta região, o material passa por um ciclo térmico que modifica a microestrutura e as propriedades mecânicas. No entanto, não se regista qualquer deformação plástica nesta zona.

Metal de base: O material afastado da soldadura é conhecido como metal de base não afetado. O metal de base não é afetado pelo calor em termos de microestrutura ou propriedades mecânicas, embora possa ter sofrido um ciclo térmico a partir da soldadura. No FSW, esta região não é deformada devido à ação mecânica da ferramenta.

1.1.4. Aspectos da qualidade e do ambiente

Atualmente, qualquer novo processo industrial tem de ser cuidadosamente avaliado quanto ao seu impacto no ambiente. É também agora comum os fabricantes monitorizarem o impacto ambiental de um produto ao longo do seu ciclo de vida. A soldadura por fricção oferece inúmeras vantagens ambientais em comparação com outros métodos de união [63].

(i) Menos preparação do cordão de soldadura: As soldaduras de topo, de sobreposição e cegas são as principais aplicações de soldadura para o processo FSW. Para preparar a configuração correta do cordão, as peças de trabalho com espessuras de parede maiores requerem frequentemente um processo especial de corte ou fresagem.

(ii) Menos recursos : O processo FSW não necessita de gás de proteção e, por conseguinte, não necessita de fornecimento de gás ou de investimentos em instalações, tais como tanques de pressão, acessórios para tubos e reguladores de gás, desde que seja aplicado a materiais com baixa temperatura de fusão, como o alumínio. Não há necessidade de consumíveis, eliminando a necessidade do seu armazenamento e transporte dentro da área de produção e evitando a necessidade da sua produção noutro local. Uma unidade FSW significa menos investimento no local de trabalho. Não há necessidade de proteger os trabalhadores/utilizadores contra a radiação UV ou IR. O processo FSW não gera fumo e, ao contrário dos processos de soldadura por arco (especialmente com alumínio), não é necessário um sistema de exaustão.

1.1.5. Vantagens da soldadura por fricção

As principais vantagens deste processo de soldadura recentemente desenvolvido incluem um aumento da eficiência da junta e da robustez do processo, bem como uma maior gama de ligas aplicáveis que podem ser soldadas. O FSW permite a soldadura de ligas dissimilares e de ligas que são difíceis de unir por processos de soldadura convencionais. Os materiais compósitos são também materiais de base para este processo de soldadura. A soldadura FSW resulta em soldaduras de baixa distorção com custos relativamente baixos, utiliza equipamento mecânico simples e energeticamente eficiente e requer um mínimo de experiência e formação do operador. O FSW pode unir materiais que são difíceis de soldar por fusão, por exemplo, ligas de alumínio das séries 2000 e 7000. Outras vantagens são a baixa distorção, a ausência de fumos, a ausência de porosidade e as boas propriedades mecânicas. O FSW pode utilizar a tecnologia de máquinas-ferramenta existente e facilmente disponível. O processo também é adequado para a automatização e adaptável à utilização de robots. As suas outras vantagens incluem a não-consumação de ferramentas, a ausência de fio de enchimento, a ausência de proteção gasosa, uma menor competência do operador e a ausência de esmerilagem e escovagem necessárias na produção em massa. Atualmente, as principais limitações do processo FSW são as velocidades de soldadura moderadas, a fixação complexa, a placa de suporte e o buraco da fechadura no final de cada soldadura [46].

1.1.6. Aplicações da soldadura por fricção

As aplicações da soldadura por fricção em vários domínios são discutidas abaixo [34].

Construção naval e indústria marítima: A construção naval e as indústrias marítimas são dois dos primeiros sectores industriais que adoptaram o processo para aplicações comerciais. O processo é adequado para aplicações como cascos, plataformas de aterragem de helicópteros, alojamento off-shore, estruturas marítimas e instalações de refrigeração.

Indústria aeroespacial: Atualmente, a indústria aeroespacial está a soldar peças de protótipos por FSW. Existem oportunidades para soldar revestimentos a longarinas, nervuras e longarinas para utilização em aeronaves militares e civis. Isto oferece vantagens significativas em comparação com a rebitagem e a maquinagem a partir de sólidos, tais como custos de fabrico reduzidos e poupanças de peso. As soldaduras topo a topo longitudinais e as soldaduras circunferenciais sobrepostas de tanques de combustível em liga de alumínio para veículos espaciais foram soldadas por FSW e testadas com êxito. O processo FSW pode ser considerado para asas, fuselagens, tanques de combustível criogénico para veículos espaciais, tanques de combustível para aviação, etc.

Indústria ferroviária: Foi comunicada a produção comercial de comboios de alta velocidade feitos de extrusões de alumínio unidas por FSW. As aplicações incluem comboios de alta velocidade, material circulante ferroviário, carruagens subterrâneas, camiões-cisterna, vagões de mercadorias e carroçarias de contentores.

Transportes terrestres: O processo FSW está atualmente a ser avaliado experimentalmente por várias empresas do sector automóvel e fornecedores deste sector industrial para a sua aplicação comercial. As aplicações potenciais são motores, berços de chassis, estruturas espaciais, veículos de transporte aéreo e jantes.

1.2. Utilização de fresadora vertical para soldadura por fricção

Para realizar a soldadura por fricção através de uma máquina, a conceção da placa posterior é muito importante. Porque quando a ferramenta mergulha inicialmente, são exercidas grandes forças que tentam separar as duas placas a soldar. Em tal situação, para manter as placas na posição correta, a placa posterior deve ser fixada rigidamente às placas a soldar, bem como a uma base rígida da máquina. São exercidas grandes forças sobre a ferramenta, pelo que esta também deve ser mantida de modo a que se possa obter uma soldadura precisa sem muita vibração. A ferramenta também pode ser facilmente substituída durante a aplicação. Todas estas caraterísticas estão disponíveis na fresadora vertical convencional, ou seja, uma base forte para acomodar a placa de base com uma disposição de fixação adequada e a ferramenta também pode ser segura com facilidade de mudança nesta máquina. Muitos investigadores trabalharam na área da modificação da máquina de fresagem vertical para soldadura por fricção, como se indica a seguir.

1.2.1. Modificação na conceção de ferramentas

T. Minton e D.J. Mynors. [52] descreveram os procedimentos de utilização de uma fresadora manual convencional, cujas gamas de funcionamento e valores de velocidade são apresentados na tabela I e na tabela II, respetivamente, para juntas de topo por soldadura por fricção (FSW). A Fresadora Vertical Parkson Tipo A foi utilizada para ensaios em chapas de alumínio 6082-T6 com 6,3mm e 4,6mm de espessura. No nível inicial, desconhecia-se a capacidade da fresadora para FSW, pelo que foi concebida uma única ferramenta genérica para a chapa de 6,3mm e utilizada para a chapa de

4,6mm.

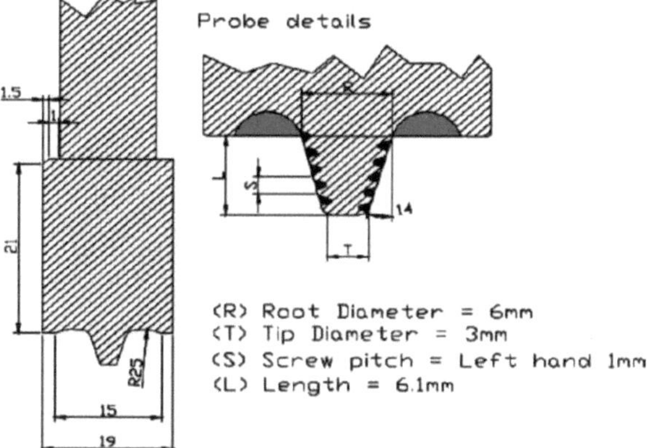

Fig. 1.7 Ferramenta utilizada para chapa de 6,3 mm [52]

Verificaram que a qualidade da soldadura com uma espessura menor não é tão boa como para uma placa mais espessa, ou seja, 6,3 mm. Sugeriram ainda que se analisasse o efeito da alteração da geometria da ferramenta para melhorar a qualidade da soldadura de chapas de 4,6 mm em trabalhos futuros. Mas através deste trabalho, a soldadura por fricção foi realizada com sucesso em placas de alumínio com a ajuda de uma fresadora.

1.2.2. Modificação de um sistema de fixação e suporte

Esther T. Akinlabi et al. [19] projectaram e modificaram um sistema de fixação e suporte numa fresadora reconfigurada para produzir juntas de soldadura por fricção. A reconfiguração de uma fresadora foi efectuada para produzir soldaduras por fricção. O objetivo deste projeto era desenvolver um sistema de fixação e suporte para uma fresadora reconfigurada a ser utilizada para produzir soldaduras por fricção com menor vibração. Sugerem que podem ser fixadas e soldadas placas de diferentes espessuras com o projeto proposto.

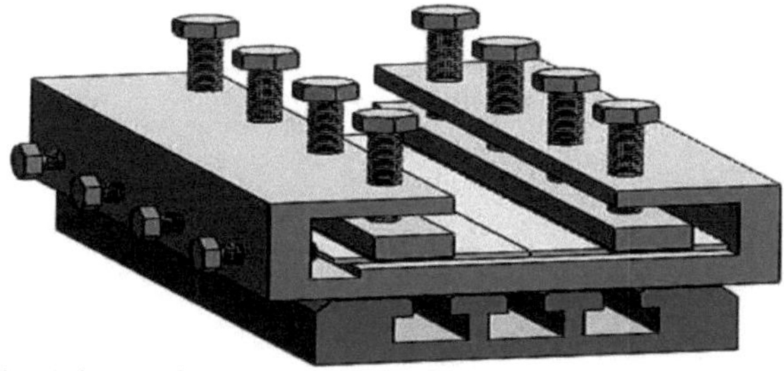

Fig. 1.8 Sistema de fixação e suporte para uma fresadora reconfigurada [19].

A análise de desempenho mostrou que o conceito pode ser utilizado para a soldadura por fricção a ser efectuada utilizando uma fresadora típica. As adaptações baratas da fresadora permitem a conversão de qualquer fresadora numa máquina especializada de soldadura por fricção que é adequada para fins de investigação.

1.3. Investigação no domínio da soldadura por fricção

No que diz respeito à investigação na área da soldadura por fricção, existem dois tipos de modelos, ou seja, o modelo físico e o modelo analítico, que podem ser adoptados para as investigações e observações. Ambos os modelos têm as suas próprias vantagens e limitações e são selecionados de acordo com os objectivos da investigação.

1.3.2. Modelo físico

Trata-se de um modelo real constituído pela ferramenta e pela peça de trabalho, que são tangíveis. É necessária uma instalação experimental. As amostras são desenvolvidas utilizando a configuração experimental e depois são observadas com a abordagem necessária para cumprir os objectivos.

1.3.3. Modelo analítico

Trata-se de um modelo virtual tridimensional de elementos finitos desenvolvido com recurso a software de modelação e simulação. O modelo é simulado através da aplicação de condições de fronteira e resolvido para obter os resultados de observação de acordo com os objectivos da investigação.

1.4. O trabalho atual

A motivação e o objetivo do presente trabalho são abordados nesta secção.

1.4.2. Motivação para o presente trabalho

Para além do modelo físico baseado no trabalho experimental, é possível trabalhar no modelo analítico do processo de soldadura por fricção através de softwares de simulação disponíveis, tais como ANSYS® , LS-DYNA® , ABAQUS® , FORGE® , COMSOL- Multiphysics, DEFORM™ e HyperWorks® . As simulações podem ser efectuadas antes da realização de experiências. Esta abordagem é vantajosa para os investigadores no que diz respeito ao tempo e ao investimento. O modelo analítico é selecionado para a presente investigação e está previsto investigar os aspectos que afectam a distribuição da temperatura durante a soldadura por fricção através de simulação utilizando o software de elementos finitos Altair® HyperWorks .®

1.4.2.   Objectivos do presente trabalho

Os objectivos do presente trabalho são os seguintes:

-Previsão   da velocidade de rotação para a gama de temperaturas necessária na soldadura por fricção de juntas de topo de ligas de alumínio.

-Investigação sobre o efeito do pré-aquecimento na velocidade de rotação para a gama de temperaturas desejada na soldadura por fricção de juntas de topo de ligas de alumínio.

-Investigação do efeito dos parâmetros do processo na temperatura máxima durante a soldadura por fricção da liga de alumínio e desenvolvimento de uma relação matemática entre eles.

-Previsão   da distribuição de temperatura ao longo da linha de soldadura durante a soldadura por fricção de uma liga de alumínio e sua validação com a experiência anterior.

1.5. Organização da dissertação

A tese está organizada em seis capítulos.

Capítulo 1: É mencionado o conceito de soldadura por fricção, incluindo o princípio de funcionamento, os parâmetros, as diferentes zonas, as vantagens e as aplicações. São apresentadas algumas modificações na fresadora convencional para FSW com base em trabalhos anteriores. A motivação e os objectivos do presente trabalho são também discutidos.

Capítulo 2: Revisão da literatura das publicações anteriores sobre soldadura por fricção com base em modelos físicos ou trabalhos experimentais e modelos analíticos, ou seja, simulação de elementos finitos, seguida de um resumo da literatura baseado na revisão crítica de trabalhos anteriores, juntamente com as observações finais.

Capítulo 3: A formulação do problema é discutida. São definidos os objectivos e os pormenores dos diferentes modelos de simulação.

Capítulo 4: É apresentada a metodologia adoptada para a realização do presente trabalho de investigação. São discutidas as equações de controlo e o procedimento de simulação através do Altair® HyperWorks® . O capítulo também inclui a seleção de materiais e os detalhes de modelação dos quatro modelos de simulação, seguidos da conceção da experiência para desenvolver as execuções de simulação favoráveis.

Capítulo 5: São apresentados os resultados e a discussão de todos os modelos de simulação, cumprindo os objectivos de previsão das velocidades de rotação, efeito do pré-aquecimento das placas, investigação baseada no efeito dos parâmetros do processo, juntamente com o desenvolvimento do modelo matemático e a validação do modelo de simulação com a experiência anterior.

Capítulo 6: Conclusões das investigações efectuadas neste trabalho e são propostos alguns trabalhos futuros para novas investigações.

CAPÍTULO 2

REVISÃO DA LITERATURA

Este capítulo apresenta uma revisão da literatura sobre o trabalho experimental e a análise do processo de soldadura por fricção. A união do alumínio e das suas ligas sempre se apresentou como um desafio para os investigadores e académicos. A investigação na área da soldadura por fricção baseia-se em dois tipos de modelos, ou seja, o modelo físico e o modelo analítico, que têm os seus próprios requisitos e são selecionados de acordo com a disponibilidade e os objectivos da investigação. A fim de formular o presente problema de investigação, juntamente com a metodologia que pode ser adoptada para a realização deste trabalho de investigação, a literatura selectiva e relevante foi revista nas categorias seguintes:

2.1. Modelo físico

2.2. Modelo analítico

2.1. Modelo físico

Thomas et al. (1997) [54] centraram-se no estudo do processo de soldadura por fricção. Referiram que a soldadura por fricção pode ser utilizada para unir a maioria das ligas de alumínio e que o óxido de superfície não apresenta qualquer dificuldade para o processo. Recomendam que um certo número de materiais leves, adequados para as indústrias automóvel, ferroviária, marítima e aeroespacial, podem ser fabricados por FSW.

Ying et al. (1999) [57] uniram placas de ligas de alumínio dissimilares 2024 e 6060 com uma espessura de 0,6 cm por soldadura por fricção. Selecionaram a velocidade de rotação da ferramenta entre 400 e 1200 rpm. Observaram espirais e laços de deslocação nas regiões de intercalação da AA-2024 nas zonas de soldadura a velocidades superiores a 800 rpm. Os perfis de microdureza acompanham as variações microestruturais que resultam numa redução de 40% na microdureza da peça de 6060 Al e numa redução de 50% na microdureza da peça de 2024 Al fora da zona FSW.

Sutton et al. (2002) [51] utilizaram 7 mm de espessura de chapa laminada de alumínio 2024-T351 e prepararam a junta soldada por fricção. Efectuaram medições metalúrgicas, de dureza e de raios X dispersivos de energia quantitativa. Os seus testes demonstraram uma microestrutura segregada, com bandas, constituída por partículas duras alternadas. Uma vez que o espaçamento das bandas está diretamente correlacionado com o avanço da ferramenta de soldadura por rotação, os seus resultados indicaram que existe uma opção para alterar os parâmetros do processo de soldadura por fricção, a fim de alterar a microestrutura da soldadura e melhorar uma série de propriedades do material, incluindo a resistência à fratura.

Lee et al. (2003) [30] soldaram chapas de ligas A356 utilizando soldadura por fricção e observaram o efeito das propriedades mecânicas na zona de soldadura através da variação das velocidades de soldadura. Relataram que as microestruturas da zona de soldadura são compostas por SZ (zona de agitação), TMAZ (zona termo-mecânica afetada) e metal de base. Também relataram que a microestrutura da SZ é muito diferente da do BM. Mas a microestrutura da TMAZ, onde os grãos originais foram muito deformados, é caracterizada por partículas dispersas de Si eutéctico alinhadas ao longo da direção de rotação da ferramenta de soldadura. Eles mostraram que as propriedades mecânicas da zona de soldadura são muito melhoradas em comparação com as do metal de base.

Mustafa e Adem (2004) [36] realizaram a soldadura por fricção da liga de alumínio AA-1080 utilizando cinco agitadores diferentes, um com secção transversal quadrada e os restantes cilíndricos com passo de parafuso de 0,85, 1,10, 1,40 e 2,1 mm. Os agitadores com passo de 1,40 e 2,0 mm actuaram mais como uma broca do que como um agitador e compeliram o metal de solda para fora sob a forma de aparas. A ligação pode ser afetada com o agitador de secção transversal quadrada, mas foram observadas propriedades mecânicas e metalográficas fracas. Os agitadores de 2
A amostra soldada com agitador de secção transversal tem uma resistência à tração de 60 N/mm e a fratura ocorreu dentro do metal de solda. Este tipo de agitação varre uma grande quantidade de metal da zona plastificada e resulta numa estrutura não homogénea. No entanto, os provetes soldados com agitadores de 0,85 e 1,10 mm de profundidade têm 110 N/mm2 de resistência à tração.

A maior resistência do metal de solda pode ser atribuída à geração de calor durante a agitação.

Cavaliered e Squillace (2005) [13] utilizaram chapas de 7 mm de espessura da liga de alumínio 7075 para analisar as propriedades mecânicas e microestruturais por soldadura por fricção. As chapas foram processadas perpendicularmente à direção de laminagem e as propriedades mecânicas foram avaliadas à temperatura ambiente nas direcções transversal e longitudinal.

Chena et al. (2006) [15] utilizaram a soldadura por fricção para unir as ligas de alumínio 2219-O e 2219-T6 com o objetivo de investigar os efeitos das condições do material de base nas caraterísticas da soldadura por fricção. Os seus resultados experimentais indicaram que a condição do material de base tem um efeito significativo na morfologia da soldadura, nos defeitos da soldadura e nas propriedades mecânicas das juntas. Verificaram que a eficiência da resistência das juntas 2219-O e 2219-T6 era de 100% e 82%, respetivamente.

Elangovan e Balasubramanian (2007) [18] utilizaram cinco perfis diferentes de pinos de ferramenta, ou seja, cilíndrico reto, cilíndrico cónico, cilíndrico roscado, triangular e quadrado, e realizaram a soldadura por fricção a três velocidades de rotação diferentes da ferramenta. Analisaram a zona de soldadura por fricção e avaliaram as propriedades de tração das juntas correlacionadas com a formação da zona. Verificaram que o perfil de pino de ferramenta quadrado produziu soldaduras mecanicamente sólidas e metalurgicamente sem defeitos, em comparação com outros perfis de pino de ferramenta.

Kumar e Kailas (2008) [29] investigaram a influência da carga axial e o efeito da posição da interface em relação ao eixo da ferramenta na resistência à tração da junta soldada por fricção da liga de alumínio 7020-T6. A carga axial é continuamente variada, aumentando linearmente a interferência entre o ombro da ferramenta e a superfície do material de base. Verifica-se que existe uma carga axial óptima, acima da qual a soldadura não apresenta defeitos, com uma eficiência da junta de 84%.

Lombard et al. (2008) [31] apresentaram uma abordagem sistemática para otimizar os parâmetros do processo FSW (velocidade de rotação da ferramenta e velocidade de avanço). Realizaram onze experiências, variando a velocidade de rotação da ferramenta e a velocidade de soldadura. A resistência à tração da junta foi aumentada de 289 para 313 MPa, variando a velocidade de rotação da ferramenta de 400 rpm para 200 rpm a uma velocidade de soldadura constante de 85 mm/min. A resistência à tração da junta aumentou de 254 MPa para 315 MPa variando a velocidade de rotação da ferramenta de 635 rpm para 254 rpm à velocidade de soldadura constante de 135 mm/min. O trabalho indica que a velocidade de rotação da ferramenta é o parâmetro chave que governa a resistência à tração.

Rajakumar et al. (2011) [44] exploraram a influência dos parâmetros do processo e da ferramenta nas propriedades de resistência à tração das juntas AA7075-T6 produzidas por soldadura por fricção. A resistência à tração das juntas foi avaliada e correlacionada com a microestrutura e a microdureza da pepita de solda. A partir desta investigação, verificou-se que a junta fabricada a uma velocidade de rotação da ferramenta de 1400 rpm, velocidade de soldadura de 60 mm/min, força axial de 8 kN, utilizando a ferramenta com 15 mm de diâmetro de ombro, 5 mm de diâmetro de pino, 45 HRC de dureza da ferramenta, produziu propriedades de resistência mais elevadas em comparação com outras juntas.

Embora tenham sido relatadas algumas boas iniciativas de investigação na experimentação da soldadura por fricção, vários aspectos importantes permanecem inexplorados e podem ser investigados através da simulação da soldadura por fricção. Por conseguinte, é necessária uma revisão mais aprofundada da literatura sobre alguns modelos analíticos.

2.2. Modelo analítico

C.M. Chen e R. Kovacevic (2003) [11] trabalharam na modelação por elementos finitos da soldadura por fricção - análise térmica e termomecânica. Utilizaram um modelo tridimensional baseado na análise de elementos finitos para estudar a história térmica e o processo termomecânico na soldadura topo a topo da liga de alumínio 6061-T6. O seu modelo sincronizou a reação mecânica da ferramenta e o processo termo-mecânico do material da peça. Consideraram a fonte de calor devido ao atrito entre o material e a sonda e o ombro. Utilizaram a técnica de difração de raios X (XRD) para medir a tensão residual da chapa soldada e validaram a eficiência do modelo proposto com base nos resultados medidos. Apresentaram a relação entre as tensões residuais calculadas da soldadura e os parâmetros do processo, tais como a velocidade de deslocação da ferramenta. Utilizaram o software ANSYS nas suas análises. Concluíram que o modelo pode ser estendido para otimizar o processo FSW de forma a minimizar a tensão residual da soldadura.

C.M. Chen e R. Kovacevic (2004) [12] trabalharam na modelação termomecânica e na análise de forças da soldadura por fricção através do método dos elementos finitos. Propuseram um modelo tridimensional baseado no método dos elementos finitos e estudaram a história térmica e a distribuição de tensões na soldadura. Também calcularam as forças mecânicas nas direcções longitudinal, lateral e vertical. O modelo proposto incluía uma modelação termo-mecânica acoplada. Realizaram a investigação dos efeitos da velocidade de rotação e longitudinal da ferramenta nas forças em diferentes direcções. Também calcularam a força de aperto adequada necessária para as placas. O processo de soldadura foi simulado utilizando o pacote comercial de elementos finitos ANSYS.

Z Feng et al. (2004) [60] utilizaram um modelo térmico-metalúrgico-mecânico integrado para estudar a formação de tensões residuais em soldaduras por fricção Al6061-T6. Efectuaram simulações utilizando o ABAQUS. Compararam as previsões do modelo com os dados de medições experimentais para a temperatura de pico, a microdureza e a tensão residual e obtiveram uma boa concordância. Verificaram que a distribuição da tensão residual era altamente dependente dos parâmetros do processo de soldadura e do grau de amolecimento do material durante a soldadura por fricção. Também referiram que a recuperação da resistência do material devido ao envelhecimento natural não tem qualquer efeito incremental na tensão residual. Concluíram que a falha da soldadura por fricção sob carga de tração era controlada pela combinação do amolecimento do material e das elevadas tensões residuais na zona afetada pelo calor.

R.K. Uyyuru e Satish V. Kailas (2006) [45] trabalharam na análise numérica do processo de soldadura por fricção. Estudaram e analisaram a modelação da soldadura por fricção com base na interação entre os parâmetros do processo. Efectuaram a simulação utilizando o código de elementos finitos não lineares DEFORM disponível no mercado. Investigaram e analisaram as distribuições de temperatura, tensão residual, deformação e taxas de deformação em várias regiões da soldadura. Mostraram que a distribuição dos parâmetros do processo é importante para a previsão da ocorrência de defeitos de soldadura e para localizar áreas de preocupação para o metalúrgico. Concluíram que a falta de informação detalhada sobre a constituição do material e outras propriedades térmicas e físicas em condições como taxas de deformação muito elevadas e temperaturas elevadas são factores limitantes durante a modelação do processo FSW.

Z. Zhang e H. W. Zhang (2008) [59] trabalharam num modelo termomecânico totalmente acoplado de soldadura por fricção. Apresentaram um modelo termomecânico totalmente acoplado do processo de soldadura por fricção utilizando o ABAQUS. Os seus resultados indicaram que a rotação do ombro pode acelerar o comportamento do fluxo de material perto da superfície superior. Mostraram que a deformação do material e o campo de temperatura têm relações com a evolução microestrutural. Mostraram também que a textura da aparência das soldaduras por fricção pode correlacionar-se com as distribuições de tensão plástica equivalente na superfície superior. Verificaram que o campo de temperatura no processo de soldadura por fricção era aproximadamente simétrico em relação à linha de soldadura. Também descobriram que os fluxos de material em diferentes espessuras eram diferentes.

Qasim M. Doos et al. (2008) [42] trabalharam na análise de soldaduras por fricção com base na simulação térmica transiente utilizando uma fonte de calor móvel. O seu trabalho baseou-se no desenvolvimento de uma simulação de elementos finitos não lineares do processo de soldadura por fricção e incidiu sobre a análise térmica. Desenvolveram um modelo térmico não linear, tridimensional e transiente, com fonte de calor móvel, utilizando o ANSYS. Desenvolveram também um modelo fluido-térmico tridimensional, não linear e em estado estacionário com uma fonte de calor fixa. Compararam os resultados de ambos os modelos e também ambos os modelos foram comparados com o seu trabalho experimental. Os autores propuseram que os resultados do modelo térmico transiente são mais fiáveis em comparação com a abordagem CFD.

Bang Hee Seon e Bang Han Sur (2008) [7] trabalharam na análise térmica transiente da soldadura por fricção utilizando o modelo 3d-analítico da zona de agitação. Consideraram que a zona de ombro e a zona de turbilhão de vórtice são definidas da mesma forma que o modelo de William (2002). Mas a zona de extrusão foi definida utilizando uma geometria mais precisa e com base nos conceitos de Askari, uma análise combinada. Também desenvolveram um modelo baseado em elementos finitos para a análise da distribuição térmica do processo FSW e determinaram a história térmica na zona de agitação, na zona afetada pelo calor e no metal de base.

M. R. Pacheco e P.M. Calas Lopes Pacheco (2009) [33] trabalharam na modelação da distribuição de temperatura na soldadura por fricção utilizando o método dos elementos finitos. Apresentaram um modelo de elementos finitos e estudaram a distribuição de temperatura em chapas soldadas pelo processo de soldadura por fricção. Utilizaram uma fonte de calor de soldadura para representar o calor gerado durante o processo. Mostraram que o modelo da fonte de calor é baseado em vários factores presentes no processo, principalmente o atrito entre a ferramenta e a peça. Os seus resultados numéricos mostraram proximidade com os seus resultados experimentais. O modelo proposto pode ser utilizado para prever caraterísticas importantes do processo como a TAZ (Thermal Affected Zone) em função dos parâmetros de soldadura.

N. Rajamanickam et al. (2009) [37] trabalharam na simulação numérica de histórias térmicas e tensões residuais na soldadura por fricção da liga de alumínio 2014-T6. Desenvolveram um modelo tridimensional de elementos finitos termomecânicos não lineares (NLTMFE) utilizando o pacote ANSYS para a soldadura topo a topo da liga de alumínio 2014-T6. Efectuaram a estimativa da magnitude das tensões residuais de soldadura e da sua natureza de distribuição, juntamente com a história térmica. Validaram o modelo NLTMFE com os valores experimentais.

Srinivasan Swaminathan et al. (2009) [49] trabalharam sobre as temperaturas de pico da zona de agitação durante o processamento por fricção. Mediram o ciclo de temperatura da zona de agitação durante o processamento por fricção de placas de bronze Ni Al. Conduziram o processamento por fricção empregando um desenho de ferramenta de ombro côncavo liso com um pino em espiral de 12,7 mm. Utilizaram termopares embutidos no trajeto da ferramenta dentro das placas para a deteção da temperatura. Obtiveram temperaturas de Pico SZ de 990 °C a 1015 °C e não foram afectadas pelo pré-aquecimento a 400 C, embora o tempo de permanência acima de 900 °C tenha aumentado com o pré-aquecimento. Os dados dos termopares sugerem pouca variação na temperatura de pico ao longo da SZ, embora os termopares inicialmente localizados nos lados de avanço e nas linhas centrais dos percursos da ferramenta tenham sido deslocados para os lados de recuo, impedindo a avaliação direta da variação de temperatura ao longo da SZ. Foram efectuadas estimativas baseadas na microestrutura das temperaturas de pico locais da SZ nestes e noutros materiais processados de forma semelhante. No seu conjunto, as determinações da temperatura de pico efectuadas com base nestas diferentes técnicas de medição foram muito concordantes.

G. Buffa et al. (2009) [22] trabalharam sobre tensões residuais na soldadura por fricção: simulação numérica e verificação experimental. Investigaram os efeitos das acções térmicas e mecânicas no campo de tensões residuais que ocorrem na soldadura por fricção (FSW) de AA7075-T6. Efectuaram análises numéricas e experimentais para se concentrarem nos fenómenos metalúrgicos e nas tensões residuais induzidas nas peças em bruto soldadas por fricção. Simularam o processo utilizando um modelo de elementos finitos (FEM) contínuo rígido-visco plástico numa abordagem de bloco único e utilizaram o software DEFORM-3D™ . Conceberam um código implícito Lagrangiano para processos de conformação de metais. Também extraíram as histórias de temperatura em cada nó do modelo de elementos finitos. Traçaram o mapa da tensão residual do modelo numérico ao longo de várias direcções. Compararam os resultados numéricos com os experimentais e mostraram que o modelo numérico pode ser utilizado com êxito para prever o campo de tensões residuais na junta soldada por fricção, considerando toda a ação mecânica local da ferramenta.

H. Jamshidi et al. (2010) [24] trabalharam na investigação teórica e experimental da soldadura por fricção de AA 5086. Através da sua pesquisa, eles investigaram a relação entre as microestruturas da zona termomecanicamente afetada (TMAZ) e a entrada de calor na soldadura por fricção (FSW) da liga de alumínio 5086. Previram a entrada de calor utilizando uma análise tridimensional de elementos finitos. Também realizaram experiências de soldadura em condições recozidas e endurecidas e estudaram o desenvolvimento de microestruturas e as propriedades mecânicas. Os seus resultados mostraram que o campo de temperatura durante a soldadura por fricção é distribuído assimetricamente ao longo da linha de soldadura. Os seus dados experimentais e previstos mostraram que as temperaturas máximas são mais elevadas no lado do avanço do que no lado do recuo. Mostraram também que o tamanho do grão na zona termomecânica afetada pelo calor diminui com a diminuição da entrada de calor por unidade de comprimento durante a soldadura por fricção.

Qasim M. Doos et al. (2011) [43] trabalharam na análise teórica da distribuição de temperatura na soldadura por fricção. Utilizaram um modelo bidimensional baseado na análise de elementos finitos e estudaram a história térmica e o processo termomecânico na soldadura topo a topo de ligas de alumínio. O seu modelo consistiu na reação mecânica da ferramenta e no processo termomecânico do material soldado. A fonte de calor incorporada no modelo baseou-se no atrito entre o material e a sonda e o ombro. Os seus resultados de cálculo mostraram que o pré-aquecimento da peça de trabalho antes do processo é benéfico para a soldadura por fricção. Estudaram os efeitos dos parâmetros de soldadura, tais como o pré-aquecimento (100, 200) °C, a velocidade de rotação (960, 1200) rpm e a velocidade linear (110, 155, 195) mm/min na distribuição da temperatura da liga de alumínio.

Byeong-Choon Goo e Hyun-Seung Jung (2011) [9] trabalharam na Análise de Elementos Finitos 3D da Soldadura por Fricção de Placas Al6061, 2011. Realizaram uma modelação tridimensional por elementos finitos da soldadura por fricção de duas placas Al6061-T6. Obtiveram o campo de temperatura e tensões residuais e compararam com resultados experimentais da literatura. Verificaram que o campo térmico analítico estava em boa concordância com os resultados experimentais, com diferenças mínimas entre as tensões residuais numéricas e experimentais.

Z. Zhang et al. (2011) [58] trabalharam num modelo termo-mecânico acoplado baseado na comparação de processos de soldadura por fricção de AA2024-T3 em diferentes espessuras. Utilizaram um modelo de elementos finitos termo-mecânico totalmente acoplado e estudaram o processo de soldadura por fricção de AA2024-T3 com diferentes espessuras. Utilizaram FORTRAN no seu trabalho. Os seus resultados computacionais mostraram que os fluxos de material nos lados de recuo e da frente são mais elevados. Discutiram também a razão pela qual os fluxos de calor nos lados de recuo e de avanço são mais elevados e revelaram o facto de as temperaturas serem mais elevadas nesta região, tanto para placas finas como para placas espessas. Verificaram que a energia que entra na placa de soldadura é cerca de 50% da energia total e cerca de 85% da energia provém do calor de fricção na soldadura por fricção de AA2024-T3 e o restante dos efeitos mecânicos. Sugeriram que a soldadura por fricção de chapas finas é vantajosa do ponto de vista das deformações do material e das conversões de energia.

Muhsin Jaber Jweeg et al. (2012) [35] trabalharam na investigação teórica e experimental da distribuição de temperatura transiente na soldadura por fricção de AA 7020- T53. Utilizaram a modelação por elementos finitos da distribuição transitória da temperatura e estudaram os fenómenos físicos na fase de penetração e o movimento da ferramenta de soldadura durante a soldadura por fricção de chapas com uma espessura de 5mm a uma velocidade de rotação de 1400rpm e uma velocidade de deslocação de 40mm/min. Utilizaram os termopares em locais próximos do pino e sob a superfície do ombro. Efectuaram uma análise numérica no ANSYS 12.0. Compararam os seus resultados numéricos com dados experimentais, incluindo medições de carga axial a diferentes velocidades de rotação da ferramenta de 710rpm, 900rpm, 1120rpm e 1400rpm. Os resultados da simulação estavam em boa concordância com os resultados experimentais. Obtiveram o pico de temperatura a cerca de 70% do ponto de fusão do metal de base.

Ayad M. Takhakh e Hamzah N. Shakir (2012) [6] trabalharam na avaliação experimental e numérica da soldadura por fricção da liga de alumínio AA 2024-W. Na sua investigação, desenvolveram uma simulação de elementos finitos da soldadura por fricção da liga de alumínio AA2024-W. Também desenvolveram simulações numéricas para a condutividade térmica, o calor específico e a densidade, a fim de encontrar a relação destes factores com a temperatura de pico. Observaram a variação da temperatura com os parâmetros de entrada. Testaram o seu modelo de simulação com resultados experimentais e obtiveram uma boa concordância.

Binnur Goren Kiral et al. (2013) [8] trabalharam na modelação por elementos finitos da soldadura por fricção em juntas de ligas de alumínio. Realizaram análises térmicas transientes de elementos finitos para obter a distribuição de temperatura na chapa de alumínio soldada durante a soldadura por fricção. No seu modelo de elementos finitos, consideraram a entrada de calor do ombro da ferramenta e do pino da ferramenta. Utilizaram uma fonte de calor móvel para a simulação do calor gerado pelo atrito entre o ombro da ferramenta e a peça de trabalho para a análise da transferência de calor. Efectuaram a modelação e simulação tridimensional utilizando os softwares comerciais ANSYS e HyperXtrude. Foi desenvolvido um código APDL (ANSYS Parametric Design Language) para modelar a fonte de calor móvel e alterar as condições de fronteira.

K. N. Salloomi et al. (2013) [26] trabalharam na análise tridimensional não linear de elementos finitos da resposta térmica e mecânica de placas de alumínio 2024-T3 soldadas por fricção. Previram a distribuição de temperatura durante o processo de soldadura por fricção de placas de alumínio 2024-T3 e a tensão residual térmica resultante, acoplando sequencialmente as histórias térmicas ao modelo mecânico. Assumiram um comportamento elástico-perfeitamente plástico do metal, de acordo com a teoria clássica da plasticidade do metal. Utilizaram o ANSYS 14 na modelação termomecânica da soldadura por fricção do alumínio 2024-T3. Consideraram a geração de calor no ombro da ferramenta e o pino da ferramenta são considerados no modelo de análise de elementos finitos. Consideraram uma fonte de calor móvel para o calor de fricção gerado entre o ombro da ferramenta e a peça de trabalho. Verificaram que os componentes de tensão longitudinal são os componentes de tensão de tração mais elevados e correspondem aos perfis de temperatura na zona afetada pelo calor da soldadura. Desenvolveram o código APDL (ANSYS Parametric Design Language) para a simulação do modelo proposto para extrair a história térmica e as tensões térmicas. Consideraram os efeitos de várias condições de transferência de calor na superfície inferior da peça de trabalho, as condutâncias de contacto térmico na peça de trabalho e a interface da placa de apoio no perfil térmico no material de soldadura.

Abdul Arif, et al. (2013) [4] trabalharam na modelação de elementos finitos para validação da temperatura máxima na soldadura por fricção de ligas de alumínio. Desenvolveram uma simulação de elementos finitos com potencial melhorado para a previsão da temperatura durante a soldadura por fricção da liga de alumínio. Validaram o modelo desenvolvido comparando os resultados com os dados experimentais obtidos por Feng et al. (2004) [60] . Utilizaram o software comercial ANSYS para a modelação e simulação. Introduziram uma coordenada móvel para modelar o processo tridimensional de transferência de calor porque reduziu a dificuldade de modelação da ferramenta em movimento. Os seus resultados da simulação estavam em boa concordância com os resultados experimentais.

Kadir Gok e Mustafa Aydin (2013) [27] investigaram o processo de soldadura por fricção utilizando o método dos elementos finitos. No seu trabalho, investigaram a capacidade de soldadura de diferentes materiais utilizando métodos analíticos e numéricos. Desenvolveram um modelo de elementos finitos para a soldadura por fricção da liga de magnésio AZ31. Utilizaram o software comercial DEFORM 3D. Efectuaram a simulação para velocidades de rotação de 960, 1.964 e 2.880 rpm e velocidades de deslocação de 10 e 20 mm/min. Compararam os valores de temperatura do MEF obtidos com os das experiências e consideraram-nos razoáveis. Propuseram que o seu modelo também pode ser utilizado para prever outros parâmetros do processo FSW.

Y.H. Yau et al. (2013) [56] estudaram a distribuição de temperatura durante o processo de soldadura por fricção da liga de alumínio Al2024-T3. No seu trabalho, foram afixados termopares em três configurações diferentes nas amostras de soldadura para medir os valores das temperaturas. Na primeira configuração, foram colocados quatro termopares em posições equivalentes ao longo de um lado da direção de soldadura. A segunda configuração envolveu duas localizações equivalentes de termopares em cada lado da direção de soldadura. Na terceira configuração, todos os termopares foram colocados num dos lados da disposição, mas com intervalos desiguais em relação à linha de soldadura. Utilizaram um modelo computacional ANSYS tridimensional não linear baseado numa abordagem. Os perfis térmicos experimentais estão de acordo com os valores calculados pelo modelo ANSYS.

S. Ji et al. (2013) [48] analisaram o efeito da geometria da ferramenta no comportamento do fluxo de material da soldadura por fricção da liga de titânio. Utilizaram o software ANSYS FLUENT para estabelecer o modelo de volume finito da soldadura por fricção da liga Ti6Al4V. Analisaram o efeito da geometria da ferramenta rotativa no comportamento do fluxo na liga de titânio. Os resultados obtidos por eles através de simulação numérica mostraram que a direção do fluxo do material nas proximidades da ferramenta rotativa é a mesma que a direção de rotação das ferramentas rotativas. Observaram também que a velocidade de escoamento do material próximo da ferramenta rotativa é superior à de outras regiões numa soldadura. Eles relataram que o valor máximo de temperatura existe perto da borda do ombro. Também relataram que a direção do fluxo de material durante o processo de soldadura por fricção permanece inalterada ao alterar o diâmetro do ombro da ferramenta rotativa ou o diâmetro da ponta do pino. Observaram que, ao aumentar o diâmetro do ombro e da ponta do pino, a velocidade do fluxo de material aumentava. Concluíram que é melhor aumentar o diâmetro da ponta do pino do que aumentar o diâmetro do ombro no contexto da eliminação de defeitos de raiz.

Hongjun Li e Di Liu (2014) [25] trabalharam na modelação termo-mecânica simplificada da soldadura por fricção com um método sequencial de elementos finitos. Eles realizaram a simulação no ANSYS. Eles apresentaram a metodologia para modelar as respostas térmicas e mecânicas transientes sem computar o calor gerado pelo atrito ou deformação plástica. Consideraram uma fonte de calor aplicada externamente para o calor gerado pelo movimento da ferramenta. O seu modelo de fonte de calor incluía duas partes: fluxo de calor superficial na interface ombro-peça e geração de calor nodal no material que deveria ter sido deslocado pela ferramenta. Também descreveram o algoritmo da fonte de calor através de equações e fluxogramas. O seu modelo térmico previu o historial de temperatura em boa concordância com os resultados medidos experimentalmente. Modelaram a interação mecânica entre as superfícies em contacto utilizando elementos de contacto.

Darko M. Veljic et al. (2014) [17] realizaram um trabalho experimental sobre a soldadura por fricção de uma liga de alumínio de alta resistência, juntamente com uma análise numérica termo-mecânica. O seu trabalho incluiu a análise experimental e numérica da alteração da temperatura e da força na direção vertical durante a soldadura por fricção da liga de alumínio de alta resistência 2024 T3. Através deste método, verificaram a correção do modelo numérico. Utilizaram o seu modelo para a análise do campo de temperatura em

a zona de soldadura. Desenvolveram um modelo tridimensional de elementos finitos utilizando o pacote de software Abaqus. Observaram que os perfis de temperatura são distribuídos simetricamente em relação à linha de soldadura. Referiram que os valores de temperatura abaixo do ombro da ferramenta eram aproximadamente constantes durante todo o processo de soldadura no intervalo 430-502 °C. Também relataram que a temperatura do material nas proximidades da ferramenta era de cerca de 500 °C. Verificaram que os valores na superfície superior das placas de soldadura eram de cerca de 400 °C. Também observaram uma pequena diferença de temperatura de 10-15 °C entre a superfície superior e inferior das placas.

Sung-Wook Kang et al. (2014) [50] estudaram a análise do fluxo de calor da soldadura por fricção numa zona afetada pela rotação. Utilizaram o software comercial de dinâmica de fluidos computacional 'Fluent' para resolver as equações de fluxo e energia. No seu estudo, utilizaram o conceito de zona afetada pela rotação. Referiram que a zona afetada pela rotação era um volume constante no qual o fluxo é rodado ao mesmo ritmo que a velocidade de rotação da ferramenta, pelo que ocorre dissipação plástica. Efectuaram uma simulação e os resultados da distribuição da temperatura foram calculados e os resultados da simulação foram comparados com os resultados experimentais. A análise da transferência de calor foi efectuada utilizando o programa comercial CFD Fluent na versão ANSYS 14.5.7.

Fadi Al-Badour et al. (2014) [20] trabalharam num modelo termo-mecânico de elementos finitos para a soldadura por fricção de ligas dissimilares. Desenvolveram um modelo termomecânico de elementos finitos baseado no método lagrangiano euleriano acoplado e simularam a soldadura por fricção de ligas de alumínio dissimilares Al6061-T6 e Al5083-O utilizando o ABAQUS. Validaram o seu modelo com as temperaturas medidas e a microestrutura da soldadura publicadas. Os resultados dos elementos finitos mostraram que as temperaturas máximas na junta de soldadura eram inferiores ao ponto de fusão do material da peça de trabalho. Observaram uma diminuição da temperatura máxima do processo e da taxa de deformação e um aumento das cargas de reação da ferramenta ao colocar a liga mais dura (Al6061-T6) no lado do avanço. Também observaram a redução dos defeitos volumétricos e a melhoria da qualidade da junta, porque utilizaram um pino de ferramenta com caraterísticas que permitiram uma melhor mistura do material.

Armansyah et al. (2014) [5] trabalharam na distribuição da temperatura na soldadura por fricção utilizando o método dos elementos finitos. Realizaram uma análise térmica transiente por elementos finitos e obtiveram a distribuição da temperatura nas zonas soldadas por fricção em função das variáveis do processo, tais como a velocidade de rotação e a velocidade de deslocação durante a soldadura. Utilizaram o software comercial Altair HyperWork para o modelo tridimensional do pino-ombro da ferramenta e da peça de trabalho e simularam o processo de soldadura por fricção. Os seus resultados mostraram que há um aumento da quantidade de calor gerado pelo aumento da velocidade de rotação da ferramenta a uma velocidade de deslocação constante. Também indicaram que há uma diminuição da quantidade de calor gerado pelo aumento da velocidade de deslocação a uma velocidade de rotação constante da ferramenta.

2.3. Resumo da literatura

A revisão crítica da literatura indica que muito trabalho tem sido feito no domínio da modelação por elementos finitos e da simulação do processo de soldadura por fricção. Muitos investigadores, como C.M. Chen & R. Kovacevic [11], N Rajamanickam et al.[37] , G. Buffa et al.[22], K. N. Salloomi et al.[26], etc., estudaram e calcularam a distribuição da temperatura e das tensões residuais durante o processo de soldadura por fricção utilizando o pacote de elementos finitos ANSYS® . Verificou-se que a distribuição da temperatura e das tensões residuais depende muito dos parâmetros do processo de soldadura. Os efeitos das acções térmicas e mecânicas no campo de tensões residuais que ocorrem na soldadura por fricção também são estudados pelos investigadores. Vários estudiosos efectuaram análises numéricas e experimentais para se concentrarem nos fenómenos metalúrgicos e nas tensões residuais induzidas em peças em bruto soldadas por fricção. Z Feng et al. [60], Z. Zhang & H. W. Zhang [59], H. Jamshidi et al. [24], Darko M. Veljic et al. [17], Fadi Al-Badour et al. [20] efectuaram modelação e simulação por elementos finitos da soldadura por fricção para investigações relacionadas com a temperatura máxima e as tensões residuais. Efectuaram a análise térmica da soldadura por fricção utilizando o software de simulação ABAQUS® disponível no mercado. R.K. Uyyuru & Satish V. Kailas [45], Kadir Gok & Mustafa Aydin [27], G. Buffa et al. [22] investigaram vários aspectos da soldadura por fricção com base na modelação e simulação termomecânica, tais como a distribuição da temperatura, as histórias térmicas e as tensões residuais, utilizando o pacote de elementos finitos DEFORM™ disponível no mercado. Binnur Goren Kiral et al.[8] e Armansyah et al. [5] trabalharam na distribuição da temperatura na soldadura por fricção com base no método dos elementos finitos, utilizando o HyperWorks® . Efectuaram uma análise térmica transitória por elementos finitos da soldadura por fricção, considerando a ferramenta como fonte de calor em estado estacionário.

2.4. Observações finais

A partir da revisão crítica da literatura publicada disponível, pode concluir-se que existe um maior âmbito de trabalho na modelação e simulação da soldadura por fricção com base na análise térmica de elementos finitos, em que o software de simulação comercialmente disponível Altair® HyperWorks® pode ser utilizado para explorar mais efeitos dos parâmetros. A análise tem de ser efectuada para prever velocidades de rotação baixas para a gama de temperaturas necessária, a fim de poupar energia. O efeito do pré-aquecimento das placas da peça de trabalho na velocidade de rotação durante o processo tem de ser analisado. É necessário efetuar uma simulação pré-experimental para investigar o efeito dos parâmetros do processo na temperatura máxima durante a soldadura por fricção da liga de alumínio. Assim, é necessário desenvolver relações matemáticas entre a velocidade de rotação da ferramenta, a velocidade de soldadura e a temperatura máxima. A experiência virtual realizada no HyperWorks® deve ser validada comparando os resultados da simulação com os resultados de trabalhos experimentais publicados anteriormente sobre a soldadura por fricção de ligas de alumínio.

CAPÍTULO 3

FORMULAÇÃO DE PROBLEMAS

A fim de formular o presente problema de investigação que poderia ser resolvido para atingir os objectivos do presente trabalho, foram desenvolvidos quatro modelos de simulação diferentes com objectivos definidos para investigar diferentes aspectos do processo de soldadura por fricção, que são discutidos a seguir:

3.1. Modelo de Simulação-I

A previsão da velocidade de rotação para a gama de temperaturas necessária na soldadura por fricção de juntas de topo de ligas de alumínio é um requisito essencial para decidir se a experiência pode ser realizada numa fresadora convencional disponível na nossa oficina. Antes de iniciar o trabalho experimental, será vantajoso prever a gama de velocidades de rotação para a gama de temperaturas pretendida. O modelo de simulação I baseia-se na análise de elementos finitos que é efectuada para várias velocidades de rotação de 300 rpm a 500 rpm com o passo de 25 rpm em dois conjuntos constantes de velocidade transversal de 2,5 mm/s e 5 mm/s. As velocidades de rotação para valores de temperatura dentro da gama de temperaturas requerida são selecionadas para observação.

3.2. Modelo de simulação-II

Também é necessário investigar o efeito na velocidade de rotação da ferramenta de soldadura por fricção com e sem pré-aquecimento de placas de liga de alumínio para a gama de temperaturas necessária. No que diz respeito ao pré-aquecimento, é benéfico reduzir a carga térmica na ferramenta, o que pode afetar a sua vida útil, bem como a qualidade da estrutura soldada. Para esta previsão, o modelo de simulação-II baseia-se na análise de elementos finitos, que é efectuada em dois conjuntos: um para temperaturas sem pré-aquecimento e outro para temperaturas de pré-aquecimento a velocidades de rotação e transversais constantes. Os resultados da temperatura máxima com pré-aquecimento são comparados com os valores obtidos na simulação efectuada sem pré-aquecimento.

3.3. Modelo de simulação-III

É necessário investigar o efeito dos parâmetros do processo, ou seja, a velocidade de rotação da ferramenta (TR) e a velocidade de soldadura (WS) na temperatura máxima durante a soldadura por fricção da liga de alumínio, e é necessário desenvolver uma relação matemática entre eles. As simulações são concebidas através de um projeto de experiência (DOE) e as experiências virtuais são realizadas no HyperWorks®. Os dados obtidos por simulação são analisados utilizando o software comercial Minitab. A ANOVA é utilizada para investigar a influência da velocidade de rotação da ferramenta e da velocidade de soldadura na temperatura máxima, mantendo-se constantes todos os outros parâmetros, como a geometria da ferramenta e a força de atrito.

3.4. Modelo de simulação-IV

Também é necessário prever a distribuição da temperatura ao longo da linha de soldadura durante a soldadura por fricção da liga de alumínio e a sua validação com a experiência anterior. Através do modelo de simulação-IV, a experiência virtual do processo de soldadura por fricção é realizada na junta de topo de placas de liga de alumínio AA6061 para os dados experimentais obtidos pelo estudo e pela experiência realizados por Zhili Feng et. al. A simulação de elementos finitos do processo de soldadura por fricção é efectuada utilizando o software comercial Altair HyperWorks®. O modelo tridimensional de elementos finitos é desenvolvido de modo a obter a temperatura máxima e tem de ser validado por comparação com a experiência.

CAPÍTULO 4

METODOLOGIA E CONCEPÇÃO DA EXPERIÊNCIA

Este capítulo apresenta a metodologia adoptada para a realização do presente trabalho de investigação. São discutidas as equações de governação e o procedimento de simulação através do Altair® HyperWorks® . O capítulo inclui também a seleção de materiais e os pormenores de modelação dos modelos de simulação I, II, III e IV, seguidos da conceção de experiências para o desenvolvimento de execuções de simulação favoráveis.

4.1. Equações de governo

A distribuição da temperatura durante a soldadura é calculada através da resolução das equações que regem a condução de calor com a aplicação de condições de fronteira adequadas. Frigaard et al. [21] apresentaram as seguintes equações:

O binário necessário é dado como:

$$M_i = \int_0^{M_R} dM_i = \int_0^R \mu P (2\pi r) dr = \frac{2}{3} \mu \pi P R_{sh}^3 \tag{4.1}$$

em que, Mi-Binário inferencial

    μ-co-eficiente de atrito

    Raio da superfície R

    P-Distribuição da pressão na interface

    Consumo médio de calor por unidade de área e tempo

$$q_0 = \int_0^{M_R} \omega dM_i = (2\pi N) \int_0^{M_R} dM_i = \frac{4}{3} \pi^2 \mu P N R_{sh}^3 \tag{4.2}$$

onde, q_0 -Potência da rede, ω-Velocidade angular, N-Velocidade de rotação.

Para calcular a geração de calor, Abdul Arif, et al. [4] obtiveram a relação dividindo a potência líquida q0 pelo volume do ombro Vsh:

$$Q_{in} = \frac{q_0}{V_{sh}}\left(\frac{W}{m^3}\right) \qquad (4.3)$$

em que $V_{sh} = A_{sh} \times R_{sh}^2 \times t_s$, em que A_{sh} é a área do ombro, $t,$ é a espessura.

Armansyah et al. [5] consideraram que o atrito é gerado principalmente entre a superfície lateral do pino e a peça interna. Para analisar as temperaturas na área de contacto que sofre atrito de forma significativa, num esforço para gerar calor para amolecer o material da peça, apresentaram as equações de geração de calor que são as seguintes

$$Q_{Total} = Q_1 + Q_2 + Q_3 \qquad (4.4)$$

$$dQ = \omega dM = \omega r dF = \omega r \tau_{contact} dA \qquad (4.5)$$

em que M é o momento, F é a força, A é a área de contacto e r é a coordenada cilíndrica. De acordo com a lei do atrito de Coulomb modificada,

$$\tau_{contact} = \mu P \qquad (4.6)$$

enquanto a pressão P pode ser expressa em termos de força, F, e de área de contacto, A:

$$P = \frac{F}{A} \qquad (4.7)$$

A pressão tem uma relação proporcional com a força, enquanto a força tem uma relação proporcional com a potência. A relação entre a potência e a velocidade de deslocação pode ser expressa da seguinte forma

$$Power = F \times v_{tool} \qquad (4.8)$$

A área de atrito pode ser expressa como

$$A = \pi R_p H_p \qquad (4.9)$$

em que Rp e Hp são, respetivamente, o raio e a altura da cavilha.

A produção de calor na superfície lateral do pino pode ser obtida através da integração de ambos os lados:

$$Q = \int_{0}^{2\pi} \int_{0}^{H_p} \omega r^2 \mu P \, dz \, d\theta \qquad (4.10)$$

$$Q = 2\pi\omega\mu PR_p^2 H_p \qquad (4.11)$$

Exprima a velocidade angular de rotação, co, em termos de velocidade de rotação, N, em (rot/s), substituindo $\omega = 2\pi N$, a equação da geração de calor na superfície lateral da sonda:

$$Q = 4\pi^2 N \mu PR_p^2 H_p \qquad (4.12)$$

A produção de calor pode ser convertida em temperatura tendo em conta as propriedades físicas do material da peça de trabalho, tais como a capacidade térmica específica e a densidade. A relação entre a temperatura e a produção de calor pode ser expressa da seguinte forma

$$Q = c_p \rho T \qquad (4.13)$$

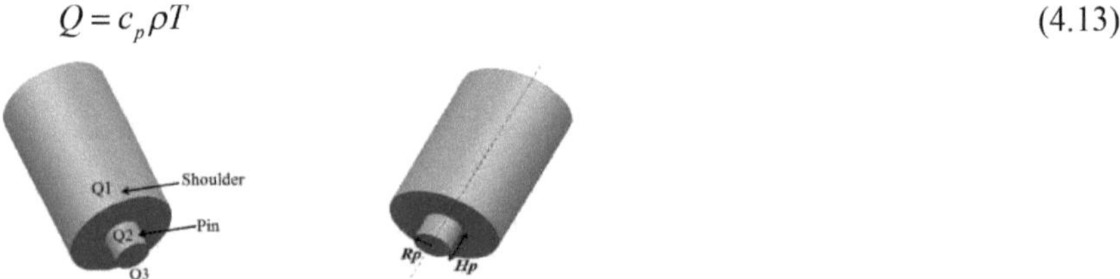

Fig. 4.1 Ferramenta de soldadura por fricção

4.2. Altair® HyperWorks® Procedimento de simulação

No presente trabalho, o módulo Manufacturing Solutions do Altair® HyperWorks® versão 12.0 é utilizado para a simulação de elementos finitos da soldadura por fricção. O HyperWorks® é utilizado para a simulação e análise de elementos finitos do processo de soldadura por fricção. Este software tem uma capacidade de condução térmica e pode ser utilizado para uma análise térmica tridimensional, em estado estacionário ou transiente. A análise de elementos finitos transiente é efectuada considerando a ferramenta como uma fonte de calor em estado estacionário.

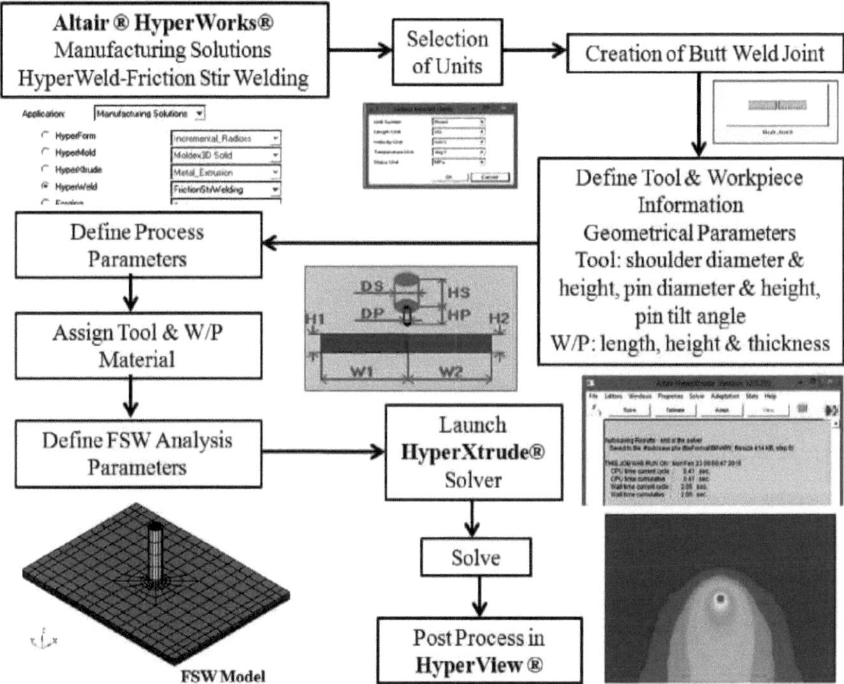

Fig. 4.2 Fluxograma da simulação de soldadura por fricção

Este módulo fornece as ferramentas para criar dados para a soldadura por fricção e o problema é resolvido através do lançamento do solucionador. O HyperWeld (interface de soldadura por fricção) utiliza o solucionador HyperXtrude para obter a solução pretendida. O modelo de elementos finitos foi desenvolvido para a simulação do processo de soldadura por fricção. Apresenta-se de seguida o procedimento detalhado para a modelação por elementos finitos e a simulação da soldadura por fricção.

4.2.1. Perfil do utilizador de soldadura por fricção

i.   Iniciar o HyperWorks 12.0

ii. No menu de preferências, clique em Perfil do utilizador

iii. Em Aplicação, selecione Soluções de fabrico

iv. Clique na opção HyperWeld e selecione Friction Stir Welding

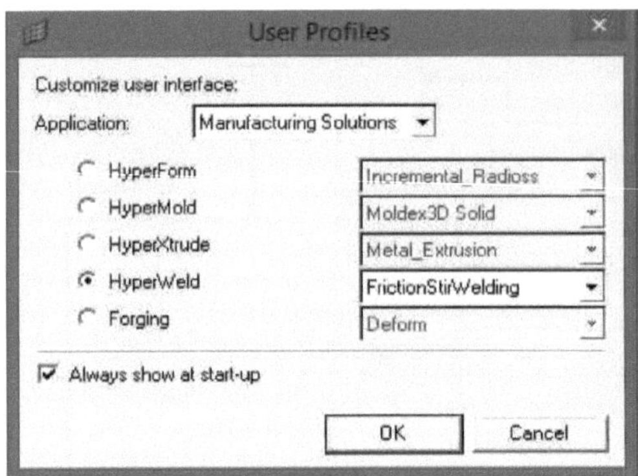

Fig. 4.3. Perfil do utilizador de soldadura por fricção

4.2.2. Seleção das unidades do modelo

i.   No menu Utilitário, clique em Selecionar unidades. É apresentada uma janela com a opção de selecionar unidades para comprimento, velocidade, temperatura e tensão.

ii. Selecione as unidades a utilizar e clique em OK.

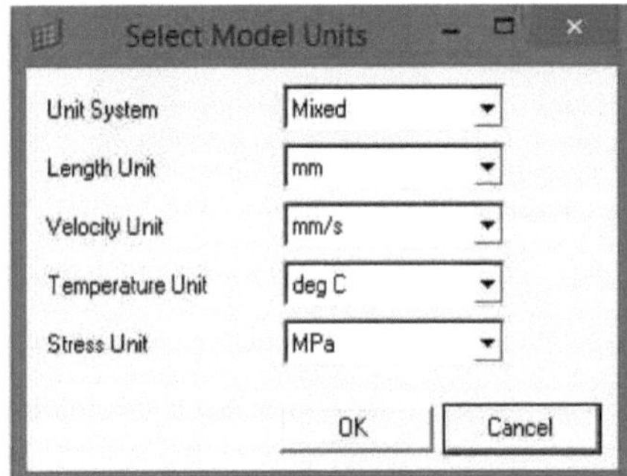

Fig. 4.4. Seleção das unidades do modelo.

4.2.3. Criação do modelo de soldadura topo a topo

i.   No menu Utilitário, clique em Criar malha. É apresentada a janela Criar junta de soldadura com ícones que mostram as juntas de soldadura do modelo paramétrico disponível.

ii. Clique em Junta de topo.

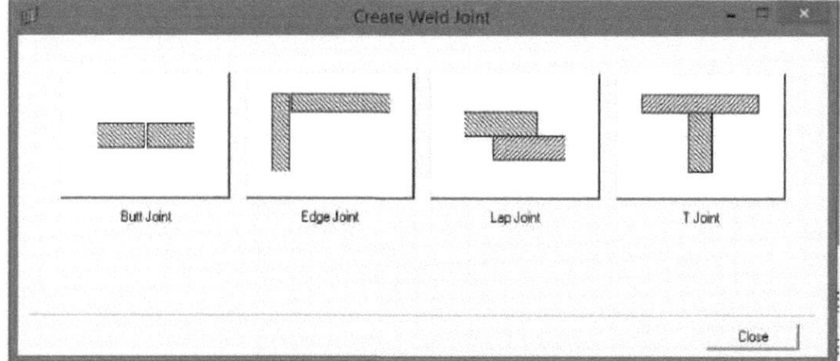

Fig. 4.5 Criação de uma malha de junta de topo para soldadura por fricção

São apresentados os parâmetros geométricos para a junta de soldadura de topo. Uma junta de soldadura é definida pelo comprimento, largura e espessura da geometria da chapa. O diâmetro do pino, a altura do pino, o diâmetro do ombro e a altura do ombro são utilizados para definir a geometria da ferramenta.

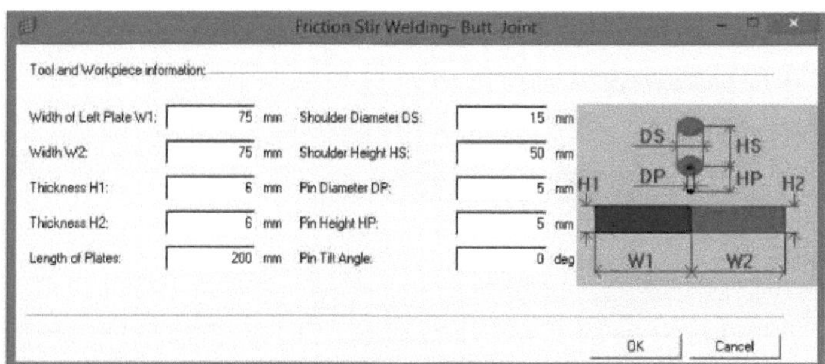

Fig. 4.6 Introdução de parâmetros geométricos para a análise FSW.

iii. Reveja os dados predefinidos e clique em OK para criar a malha e continuar para a janela Parâmetros do Processo.

iv. Clique em OK para aceitar os valores predefinidos: Os parâmetros do processo são introduzidos nesta janela. Os parâmetros do processo incluem: a temperatura das placas, a velocidade de rotação e a velocidade de translação da ferramenta, o coeficiente de atrito na superfície de contacto do ombro, o coeficiente de transferência de calor por convecção e a temperatura ambiente.

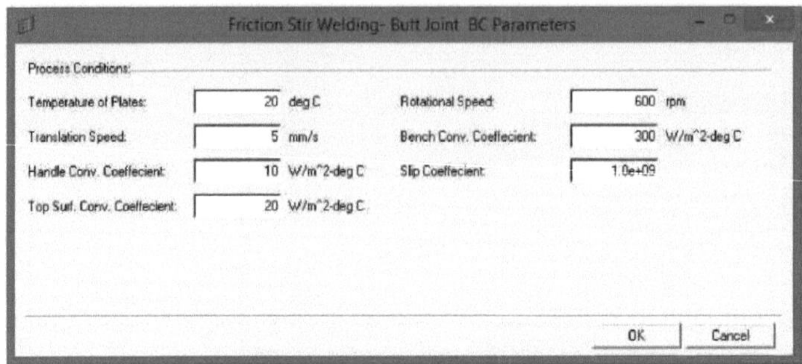

Fig. 4.7 Introdução dos parâmetros do processo e das condições de fronteira para a análise FSW

4.2.4. Seleção de materiais e parâmetros de definição

Depois de definir os parâmetros do processo, o passo seguinte é a seleção do material para a ferramenta FSW e a peça de trabalho. Existem vários materiais na base de dados do HyperWeld. O material necessário é selecionado para a análise nesta secção. A interface Friction Stir Welding em Manufacturing Solutions inclui uma base de dados de materiais incorporada que contém mais de 30 materiais em duas categorias diferentes.

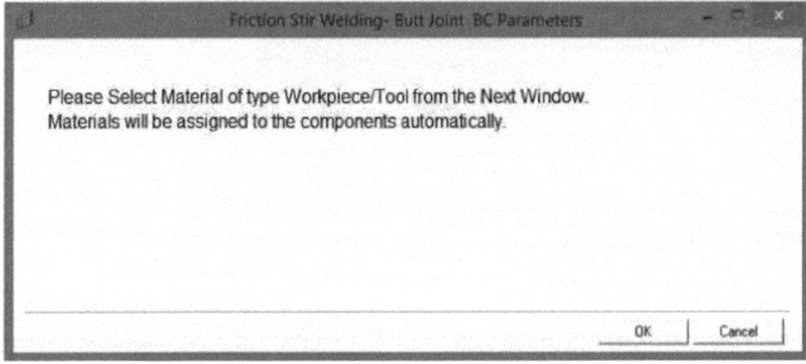

Fig. 4.8 Notificação para seleção do material

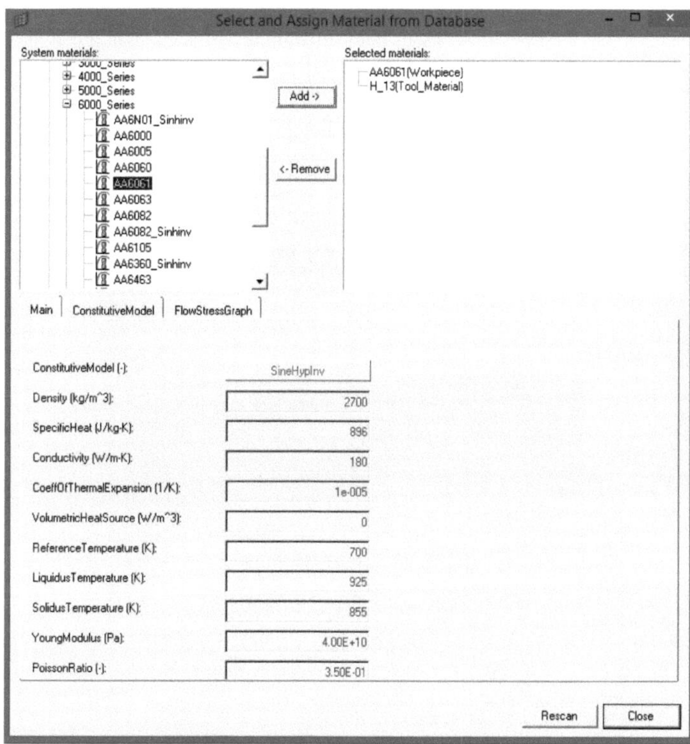

Fig. 4.9 Seleção de material da base de dados do HyperWeld.

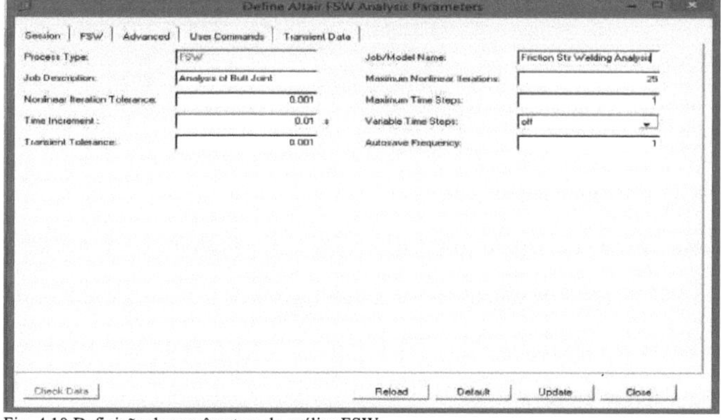

Fig. 4.10 Definição dos parâmetros de análise FSW

4.2.1. Geração de modelos de soldadura por fricção

O modelo tem 3200 elementos hexaédricos e 3907 nós activos. Foram utilizados elementos Hex20 para a modelação termomecânica, estes elementos são tridimensionais, 2nd elementos hexaédricos de ordem com 20 nós. Trata-se de um elemento de análise de campo acoplado com graus de liberdade térmicos e estruturais. Os parâmetros FSW considerados pelo software de simulação são o diâmetro do pino, a altura do pino, a rotação do pino, a inclinação do pino, a velocidade de translação, o diâmetro e a altura do ombro. Assume-se que 90% do trabalho é convertido em energia. O HyperWorks fornece uma interface eficiente para o desenvolvimento do modelo de elementos finitos e para a análise da soldadura por fricção com o HyperXtrude Solver.

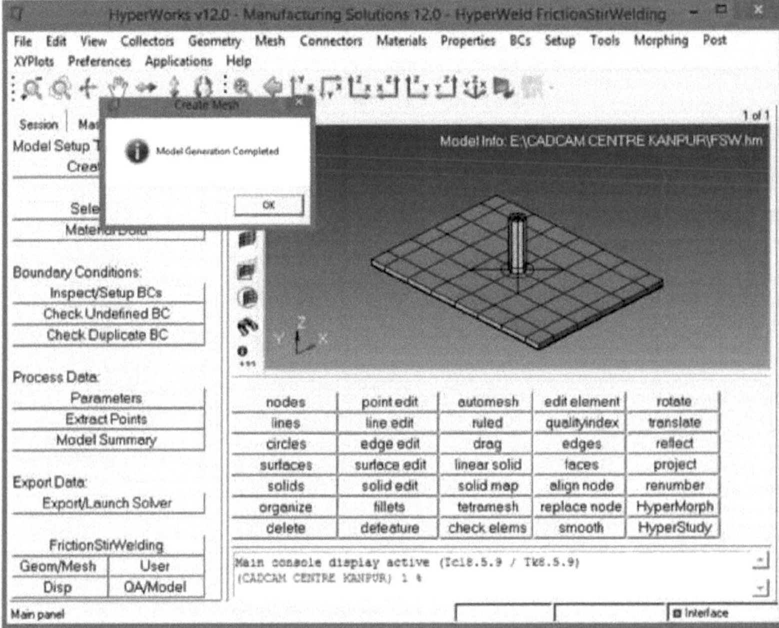

Fig. 4.11 Modelo FSW apresentado na área gráfica principal.

4.2.2. Resolução do modelo de soldadura por fricção

Após a geração do modelo, este é exportado para o solver HyperXtrude para resolução do modelo e simulação de elementos finitos do processo de soldadura por fricção. Aparece a janela que mostra os pormenores do modelo. Para iniciar o solver, clica-se no botão Exportar. A janela do solver aparece e os programas são executados durante 25 passos.

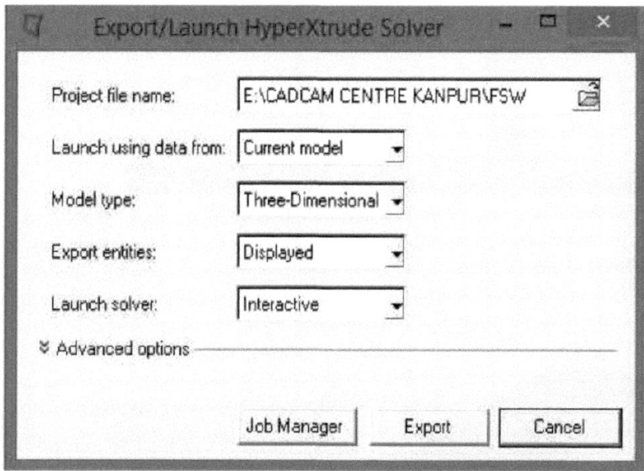

Fig. 4.12 Exportação do modelo FSW para o HyperXtrude Solver.

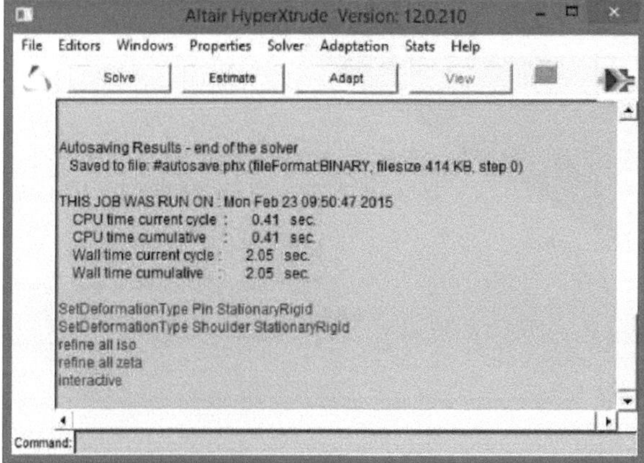

Fig. 4.13 Solucionador HyperXtrude.

4.2.3. Condições térmicas de fronteira

A temperatura inicial da peça de trabalho é considerada igual à temperatura ambiente (293K ou 20°C). O coeficiente de convecção de 30 W/m^2 K é aplicado nas superfícies superior e lateral da peça de trabalho. O valor do coeficiente de condução entre a peça de trabalho e a placa de apoio é considerado como um coeficiente de convecção elevado de 300 W/m^2 K aplicado à superfície inferior da peça de trabalho. As condições são adotadas a partir do trabalho de P. Colegrove [38].

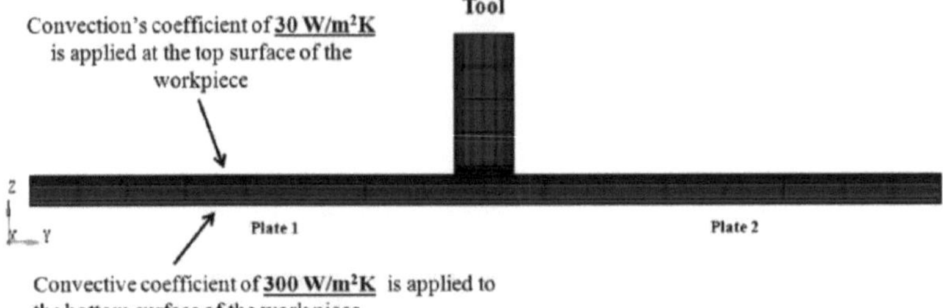

Fig. 4.14 Condições de fronteira térmica na superfície superior e inferior.

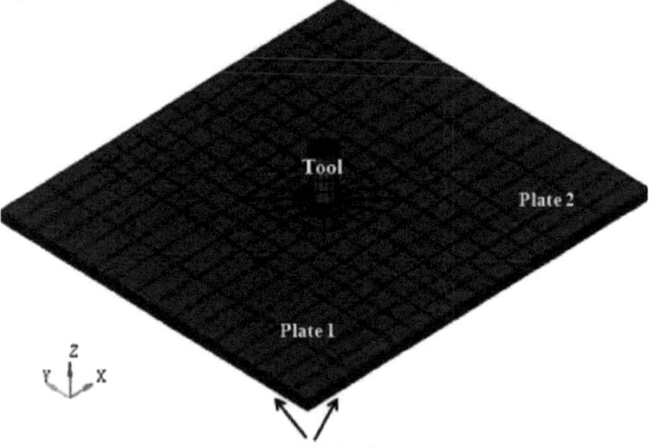

Fig. 4.15 Condições de fronteira térmica nas superfícies laterais.

4.2.4. Pós-processamento no HyperView®

O HyperView® é um ambiente completo de pós-processamento e visualização para análise de elementos finitos e dados de engenharia. O ficheiro resolvido no formato h3d é carregado no HyperView para visualizar os resultados tridimensionais.

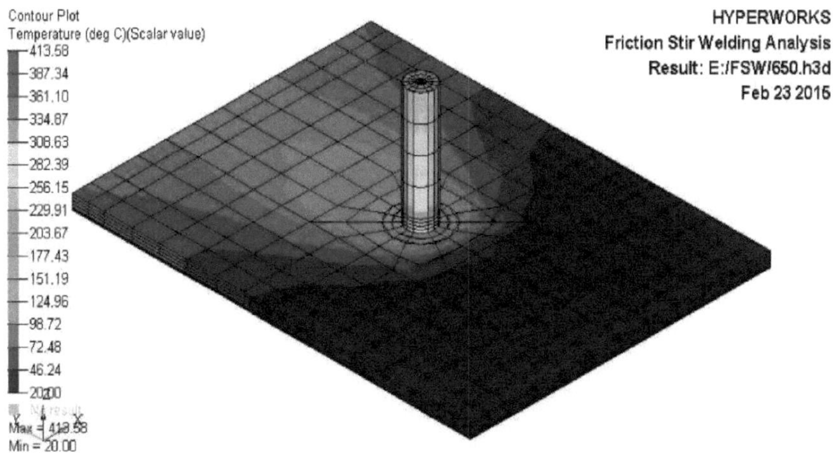

Fig.4.16 Vista isométrica do modelo de elementos finitos do processo de soldadura por fricção com distribuição de temperatura utilizando o HyperView®

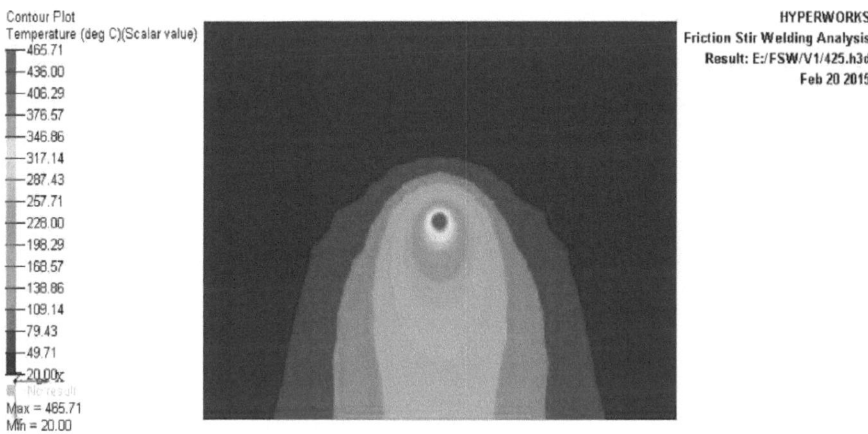

Fig.4.17 Vista superior das chapas com a ferramenta removida do modelo de elementos finitos do processo de soldadura por fricção, mostrando a distribuição da temperatura utilizando o HyperView®

4.3. Seleção de materiais

Esta secção apresenta os detalhes das ligas de alumínio, incluindo as aplicações e propriedades selecionadas como material da peça de trabalho para a análise de elementos finitos da soldadura por fricção no presente trabalho.

4.3.1. . Liga de alumínio AA-7075

A liga AA-7075 foi selecionada para o modelo de simulação I. No que diz respeito à liga de alumínio

AA-7075, esta é geralmente utilizada em aplicações de transporte, incluindo marinha, automóvel e aviação, devido à sua elevada relação resistência-densidade.

As propriedades da AA-7075 são apresentadas na tabela 4.1. C.G. Rhodes et. al. [12] investigaram a avaliação microestrutural durante a soldadura por fricção da liga de alumínio 7075 e mostraram que a temperatura máxima de 480 °C é atingida durante o processo.

Mahoney et al. [13] realizaram uma experiência de soldadura por fricção da liga de alumínio 7075, tendo registado uma temperatura máxima de 475 °C. Uma vez que não há evidência de fusão do metal durante a soldadura por fricção, isto indica que a temperatura máxima atingida é inferior ao ponto de fusão.

Tabela 4.1. Propriedades físicas e térmicas do AA-7075

Property	Values
Density	$2.81g/cm^3$
Melting Point	477-635°C
Modulus of Elasticity	71.7GPa
Poisons Ratio	0.33
Thermal Conductivity	130 W/m-k
Specific Heat Capacity	0.96 J/g °C

4.3.2 Liga de alumínio AA-6061

A liga AA-6061 é selecionada para os modelos de simulação II, III e IV. A liga de alumínio 6061 tem várias propriedades, tais como resistência média a elevada, boa tenacidade, bom acabamento superficial, excelente resistência à corrosão atmosférica, boa resistência à corrosão da água do mar, pode ser anodizada, boa capacidade de soldadura e boa trabalhabilidade e está amplamente disponível.

A liga AA-6061 é normalmente utilizada para estruturas pesadas em carruagens ferroviárias, chassis de camiões, construção naval, pontes e pontes militares, aplicações aeronáuticas e aeroespaciais, incluindo revestimentos de rotores de helicópteros, tubos, pilones e torres, transportes, barcos a motor e rebites. As propriedades físicas e térmicas da liga de alumínio AA 6061 são apresentadas no quadro 4.2.

Tabela 4.2. Propriedades físicas e térmicas do AA-6061

Property	Values
Density	2.7g/cm^3
Melting Point	582-652°C
Modulus of Elasticity	68.9GPa
Poisons Ratio	0.33
Thermal Conductivity	167 W/m-k
Specific Heat Capacity	0.869J/g °C

4.4. Detalhes de modelação

Para atingir os objectivos do presente trabalho, foram desenvolvidos quatro modelos de simulação diferentes para a análise de elementos finitos da soldadura por fricção. Os pormenores de modelação, incluindo as dimensões e o material das placas da ferramenta e da peça de trabalho considerados para os modelos de simulação I, II, III e IV, são discutidos a seguir.

4.4.1. Modelo de Simulação-I

São consideradas duas placas de liga de alumínio AA-7075 com 300 mm*200 mm*3,1 mm e uma ferramenta de aço H-13 com diâmetro do ombro, comprimento do ombro, diâmetro do pino e comprimento do pino de 16 mm, 150 mm, 4 mm e 2,79 mm, respetivamente. As dimensões são selecionadas com referência ao trabalho de Binnur Goren Kiral et al. (2013) [8] para combinações válidas. A Figura 4.18 mostra a vista isométrica do modelo de elementos finitos do processo de soldadura por fricção, mostrando a ferramenta e a peça de trabalho para a simulação I.

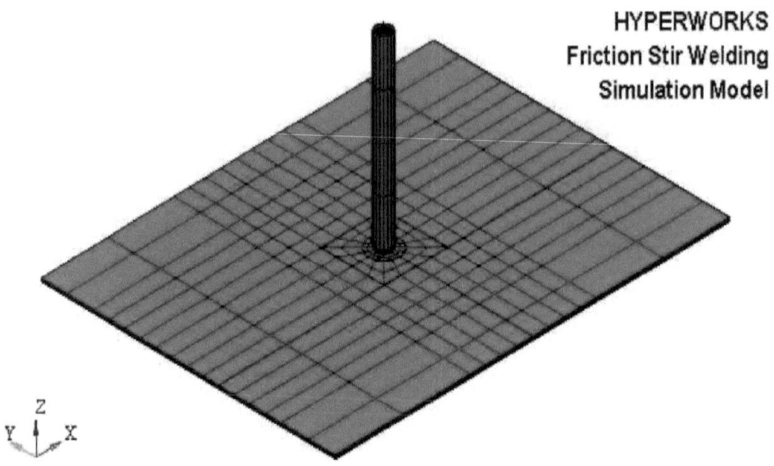

Fig.4.18 Modelo de simulação-I

4.4.2   Modelo de simulação-II e III

Os materiais da peça e da ferramenta são selecionados com base em Armansyah et.al [5] para combinações válidas. Nos modelos de simulação II e III, são selecionadas duas chapas de liga de alumínio AA-6061 com dimensões de 75mm*200mm*6mm. A ferramenta de soldadura por fricção é considerada de aço H-13. O diâmetro do ombro, o comprimento do ombro, o diâmetro do pino e o comprimento do pino 15mm, 50mm, 5mm e 5mm, respetivamente, são mostrados na figura 4.19. A figura 4.20 mostra a vista isométrica do modelo de elementos finitos do processo de soldadura por fricção, mostrando a ferramenta e a peça de trabalho para a simulação--II e III.

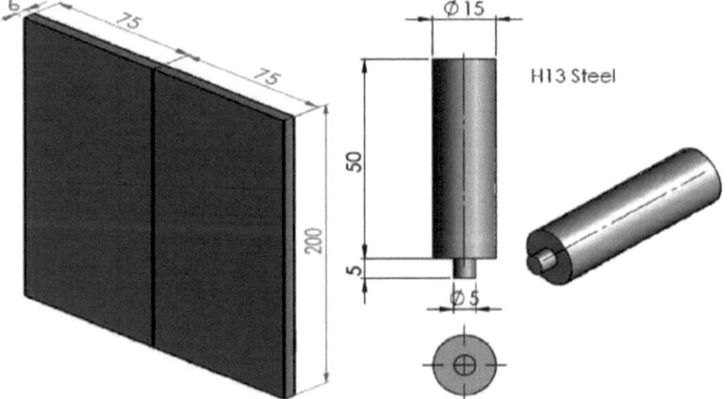

Fig.4.19 Dimensões das placas e da ferramenta utilizadas na simulação-II e III

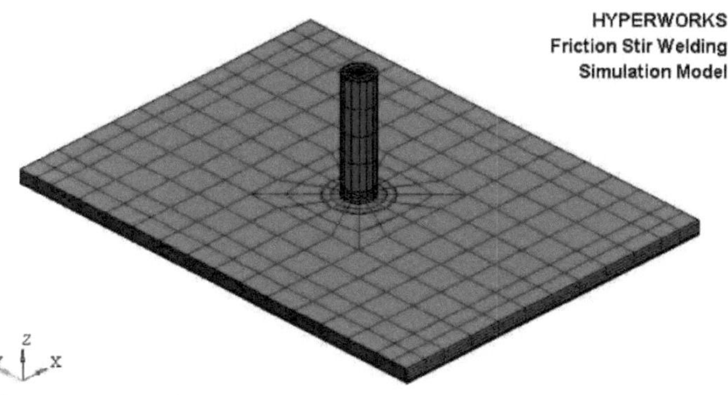

Fig.4.20 Modelo de simulação-II e III

4.4.3   Modelo de simulação -IV

Placas de liga de alumínio AA-6061 com dimensões de 305x152x6.35-mm foram soldadas por fricção na configuração de junta de topo por Zhilli Feng et al. [60]. Os diâmetros do ombro e do pino eram de 19 mm e 6,35 mm, respetivamente. A soldadura começou a uma distância de 15 mm da borda da peça de trabalho e a distância de soldadura é de 275 mm, pelo que o comprimento das placas é considerado como 275 mm para o presente trabalho de simulação. A Figura 4.21 mostra as dimensões das placas e da ferramenta para a experiência de soldadura por fricção realizada pela. A Figura 4.22 apresenta uma vista isométrica do modelo de elementos finitos do processo de soldadura por fricção, mostrando a ferramenta e a peça de trabalho juntamente com as linhas de malha.

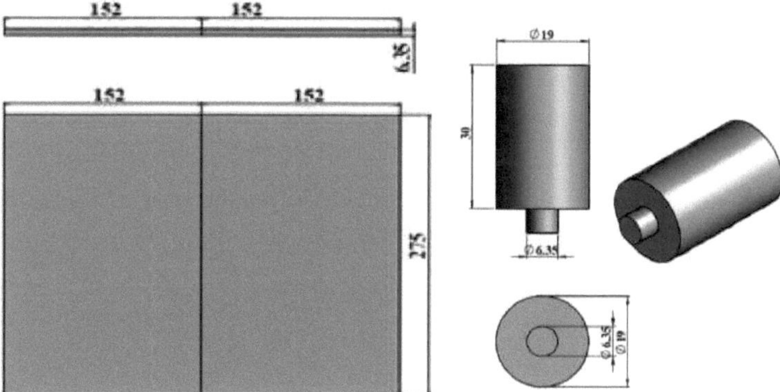

Fig.4.21 Dimensões das placas e da ferramenta utilizadas no modelo de simulação-IV

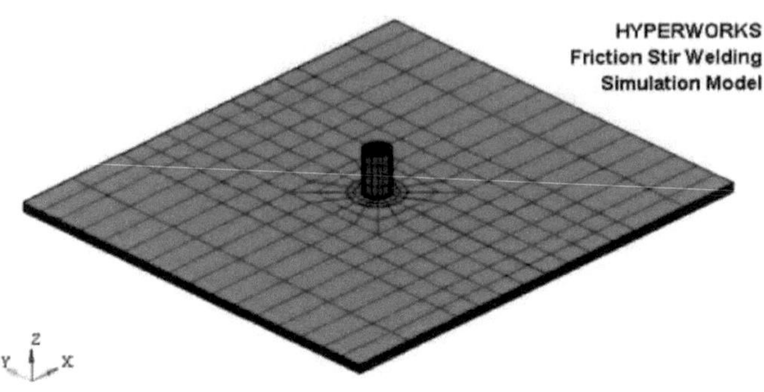

Fig.4.22 Modelo de simulação-IV

4.5. Conceção da experiência

Este método é aplicado ao modelo de simulação-3. A abordagem de fatorial completo investiga todas as combinações possíveis, maximizando a possibilidade de encontrar um resultado favorável. Para um desenho fatorial completo, o número de desenhos possíveis é L^m onde L = número de níveis para cada fator, m = número de factores [61] . Os parâmetros importantes do processo FSW que foram considerados no Modelo de Simulação-III foram a velocidade de soldadura e a rotação da ferramenta. Outros parâmetros como a força axial e a geometria da ferramenta foram mantidos constantes. Foram escolhidos três níveis para cada parâmetro. O número de parâmetros do processo e os seus níveis correspondentes são apresentados na tabela 4.3.

Quadro 4.3 Parâmetros e respetivo nível

S.No	Parameter	Level I	Level II	Level III
1	Tool Rotation (TR) rpm	500	650	800
2	Welding Speed (WS) mm/s	4	5	6

De acordo com a abordagem fatorial completa, foram planeadas nove simulações. O modelo do fatorial completo é apresentado no quadro 4.4.

Tabela 4.4 Combinação de Simulação

Simulation Runs	TR (rpm)	WS (mm/s)
S1	500	4

S2	500	5
S3	500	6
S4	650	4
S5	650	5
S6	650	6
S7	800	4
S8	800	5
S9	800	6

CAPÍTULO 5

RESULTADOS E DISCUSSÃO

Este capítulo apresenta os resultados dos modelos de simulação I, II, III e IV desenvolvidos para a análise de elementos finitos para prever a distribuição da temperatura durante a soldadura por fricção de ligas de alumínio. Os resultados de cada modelo são discutidos com base nas observações dos contornos de temperatura e nos dados gráficos obtidos.

5.1. Modelo de simulação -I

A fim de prever as velocidades de rotação adequadas para a gama de temperaturas requerida na soldadura por fricção da junta de topo da liga de alumínio AA-7075, é efectuada uma análise de elementos finitos para várias velocidades de rotação de 300 rpm a 500 rpm com um passo de 25 rpm para dois conjuntos de velocidades transversais, isto é, 2,5 mm/s e 5 mm/s. As velocidades de rotação correspondentes ao valor da temperatura dentro dos limites de temperatura aceites foram selecionadas com referência à temperatura solidus de 477 °C, que são apresentadas na tabela 5.1.

Tabela 5.1. Velocidade de rotação para valores máximos de temperatura dentro do limite aceite

S.No	rpm	Max Temp (°C) at V1=2.5 mm/s	Max Temp (°C) at V2=5 mm/s
1	300	403.43	391.78
2	325	417.02	404.06
3	350	429.94	415.83
4	375	442.27	427.13
5	400	454.24	438.00
6	425	465.71	448.50
7	450	476.72	458.43

5.1.1. **Resultados da simulação da distribuição da temperatura para diferentes velocidades de rotação com uma velocidade de deslocação constante de 2,5 mm/s.**

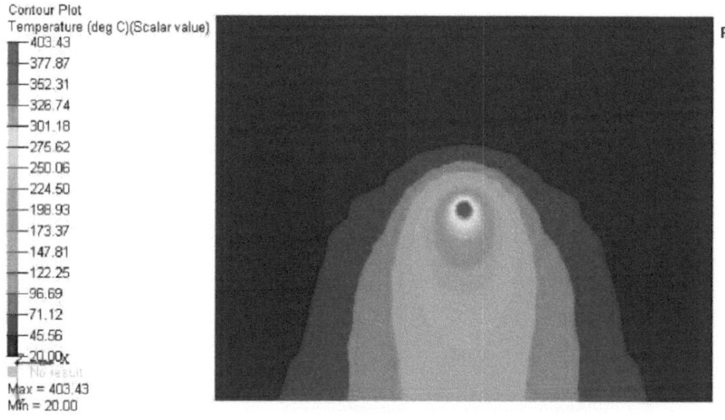

Fig.5.1 Distribuição da temperatura com valor máximo de 403,43°C para 300 rpm

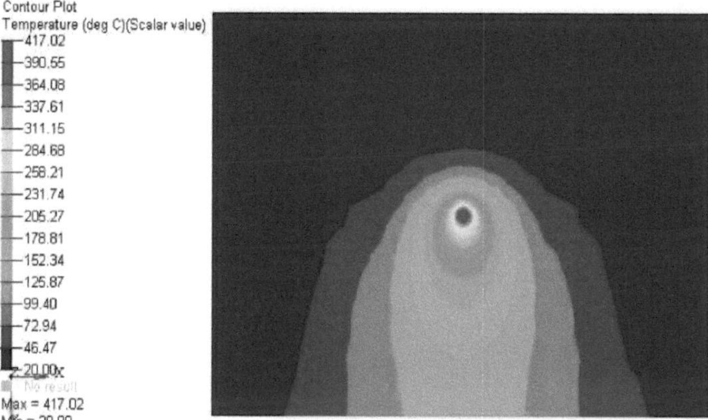

Fig.5.2 Distribuição da temperatura com valor máximo de 417,02°C para 325 rpm

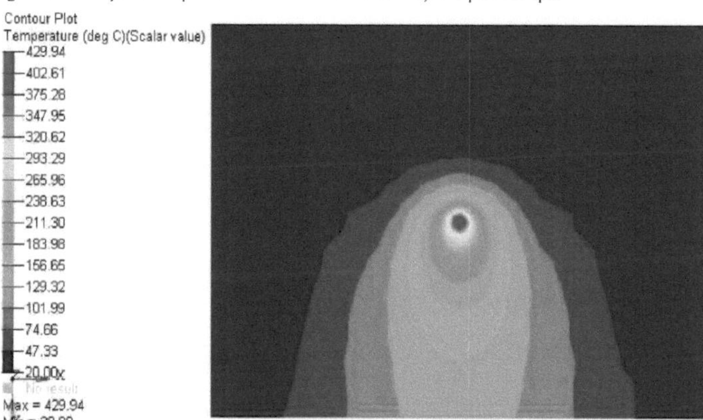

Fig.5.3 Distribuição da temperatura com valor máximo de 429,94°C para 350 rpm

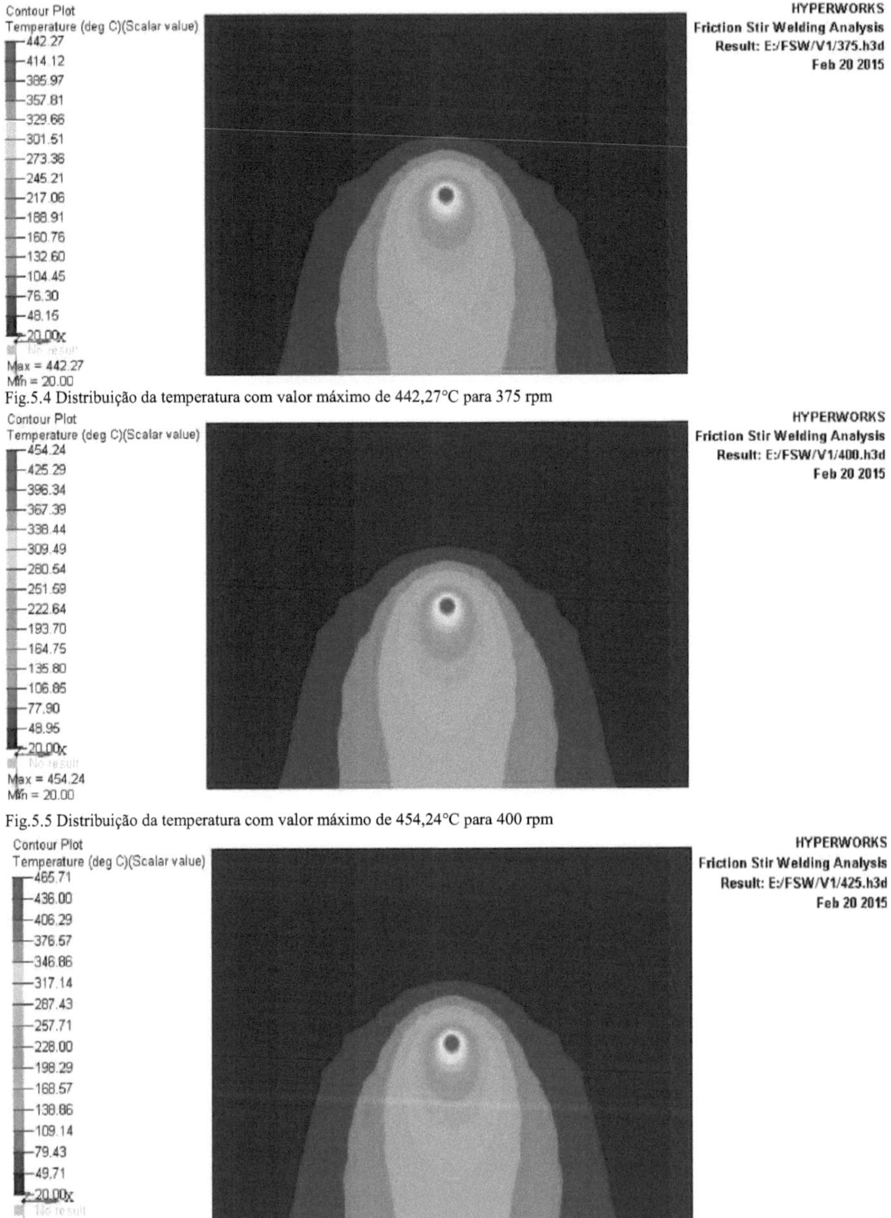

Fig.5.4 Distribuição da temperatura com valor máximo de 442,27°C para 375 rpm

Fig.5.5 Distribuição da temperatura com valor máximo de 454,24°C para 400 rpm

Fig.5.6 Distribuição da temperatura com valor máximo de 465,71°C para 425 rpm

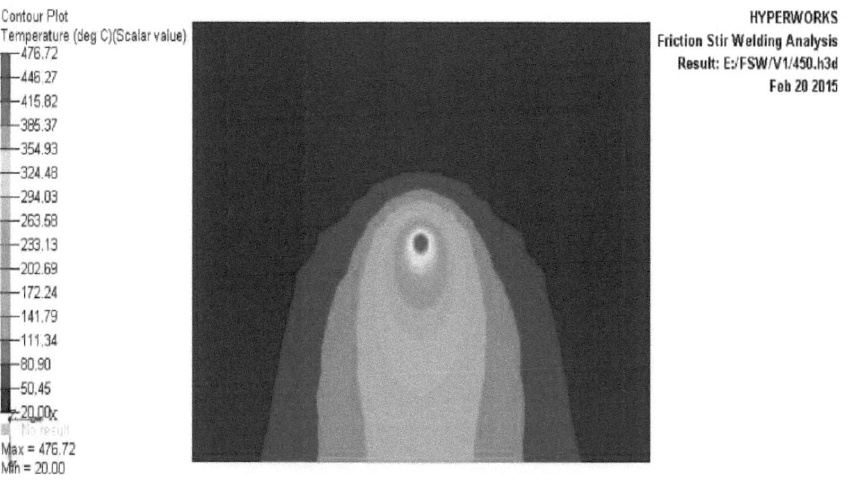

Fig.5.7 Distribuição da temperatura com valor máximo de 476,72°C para 450 rpm

5.1.2. Resultados da simulação da distribuição da temperatura para diferentes velocidades de rotação com uma velocidade de deslocação constante de 5 mm/s.

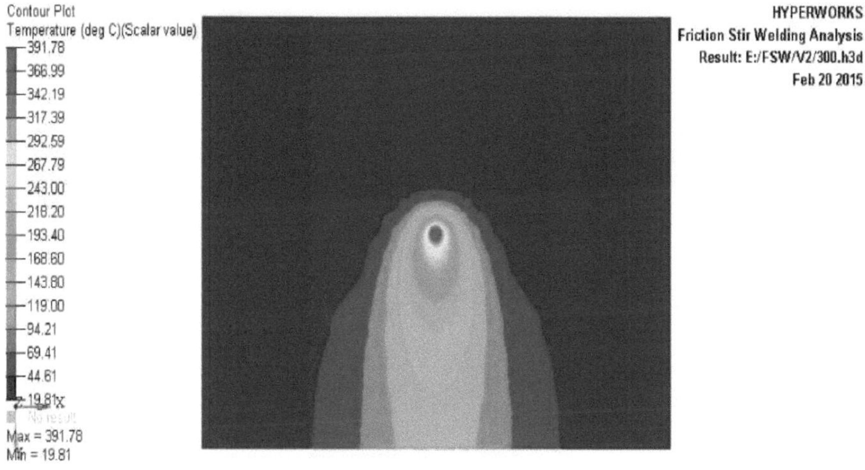

Fig.5.8 Distribuição da temperatura com valor máximo de 391,78°C para 300 rpm

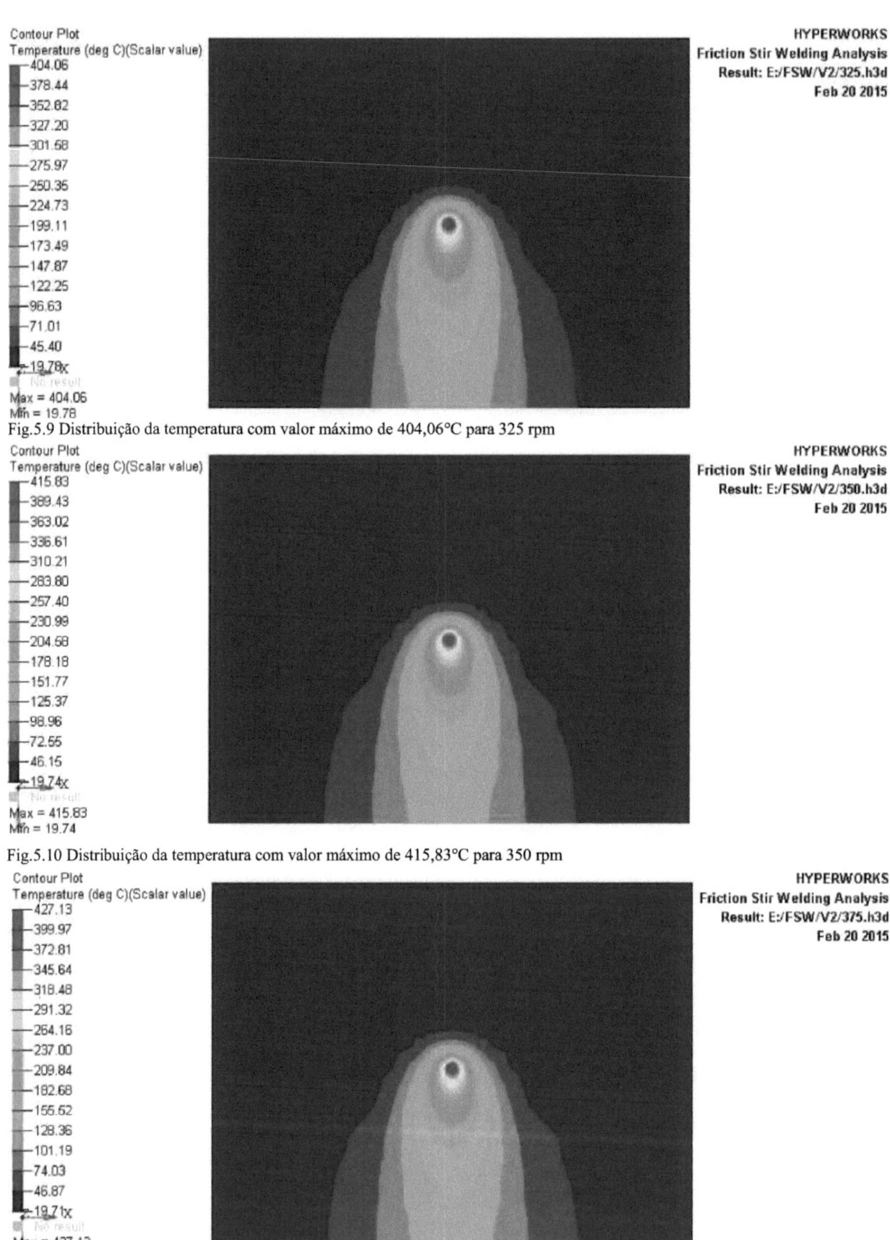

Fig.5.9 Distribuição da temperatura com valor máximo de 404,06°C para 325 rpm

Fig.5.10 Distribuição da temperatura com valor máximo de 415,83°C para 350 rpm

Fig.5.11 Distribuição da temperatura com valor máximo de 427,13°C para 375 rpm

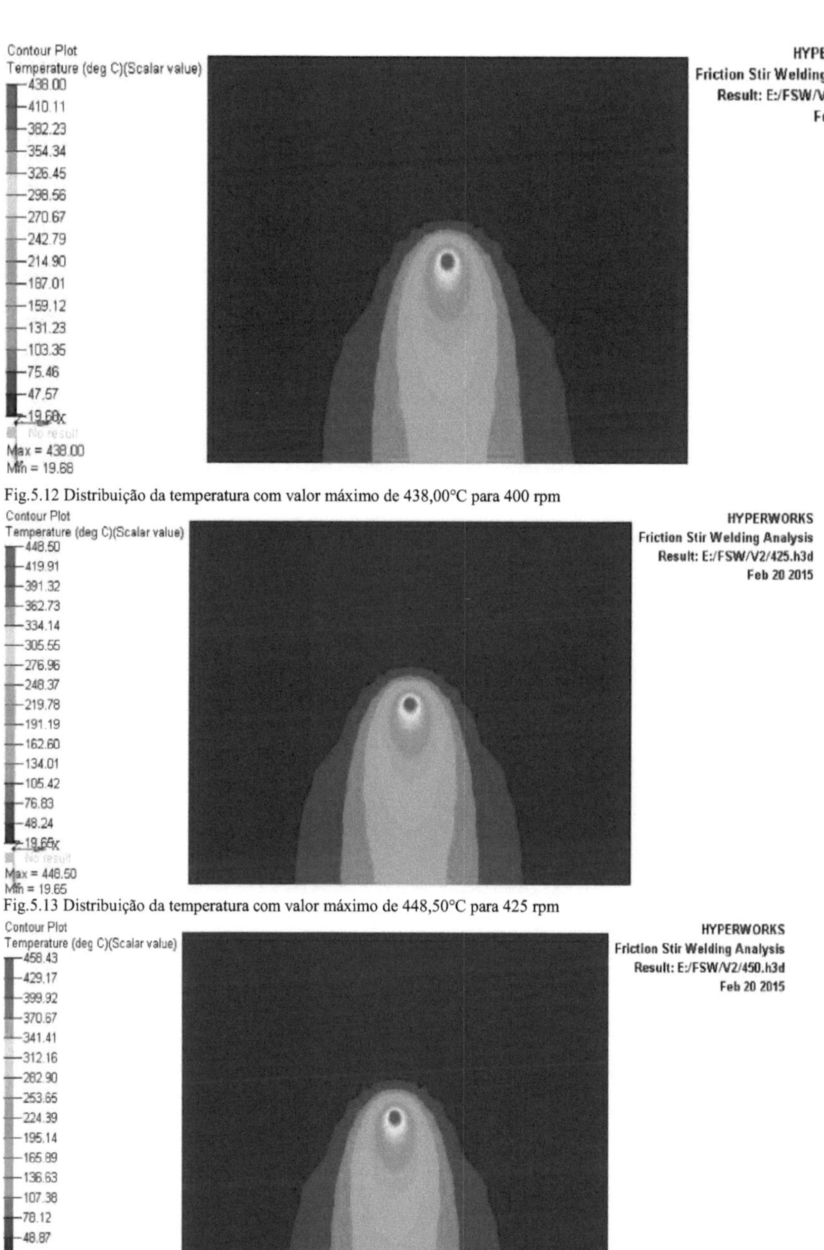

Fig.5.12 Distribuição da temperatura com valor máximo de 438,00°C para 400 rpm

Fig.5.13 Distribuição da temperatura com valor máximo de 448,50°C para 425 rpm

Fig.5.14 Distribuição da temperatura com valor máximo de 458,43°C para 450 rpm

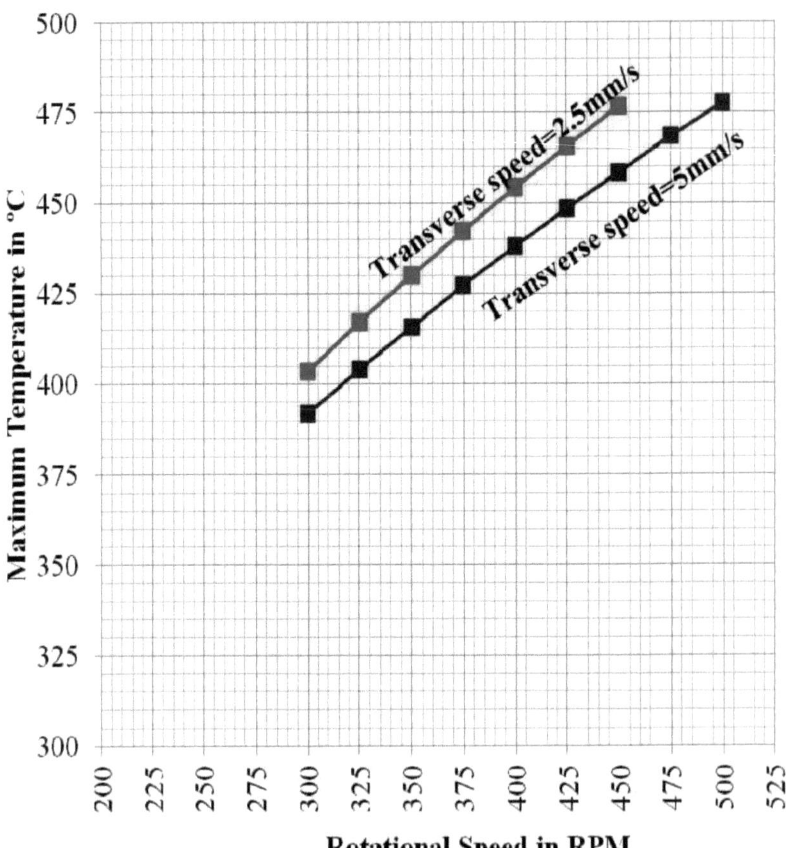

Fig.5.15 O gráfico mostra a variação da temperatura máxima em função da velocidade de rotação.

5.1.3. Discussão dos resultados da simulação I

-A simulação I   foi efectuada para a previsão da velocidade de rotação de baixa gama para a gama de temperaturas desejada na soldadura por fricção da junta de topo da liga de alumínio 7075.

-A análise de elementos finitos   do processo de soldadura por fricção é realizada para prever e selecionar as velocidades de rotação para os valores de temperatura necessários dentro dos limites aceites, o que facilitará o trabalho experimental, tendo em conta a poupança de tempo e de custos.

-As   velocidades de rotação correspondentes ao valor da temperatura que se encontra dentro dos limites de temperatura   aceites foram selecionadas com referência à temperatura solidus da liga de alumínio selecionada.

Observa-se que o padrão de distribuição da temperatura diminui no caso de uma velocidade transversal menor com velocidade de rotação constante. Também se observa que a temperatura máxima ao longo da linha de soldadura aumenta com o aumento da velocidade de rotação a uma velocidade transversal constante.

-A representação gráfica da variação da temperatura máxima em função da velocidade de rotação é gerada mostrando duas séries de velocidade transversal constante.

Com   base nos dados obtidos por simulação, pode dizer-se que o trabalho experimental do processo de soldadura por fricção pode ser realizado numa fresadora vertical a baixas velocidades de rotação do ponto de vista da conservação de energia.

5.2. Modelo de Simulação-II

Para prever o efeito do pré-aquecimento da peça de trabalho na temperatura máxima, é necessário efetuar uma simulação do processo de soldadura por fricção, com o objetivo de poupar tempo e custos antes de realizar qualquer trabalho experimental. Para esta previsão, é efectuada uma análise de elementos finitos para várias temperaturas de pré-aquecimento a velocidades de rotação e transversais constantes. Os resultados da temperatura máxima com pré-aquecimento são comparados com os valores obtidos na simulação efectuada sem pré-aquecimento.

5.2.1. Temperatura máxima sem pré-aquecimento das placas da peça de trabalho

A simulação de elementos finitos é efectuada sem pré-aquecimento, ou seja, a temperatura inicial da placa da peça de trabalho é considerada como sendo de 20°C. A velocidade transversal de 5mm/s é mantida constante. A temperatura máxima ao longo da linha de soldadura é simulada para velocidades de rotação variáveis de 600 a 900 rpm com um passo de 50 rpm.

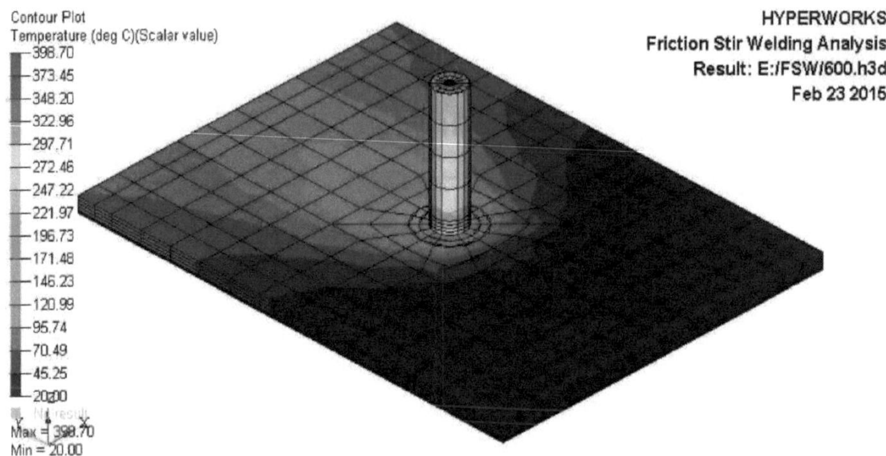

Fig.5.16 Distribuição da temperatura para a velocidade de rotação de 600 rpm

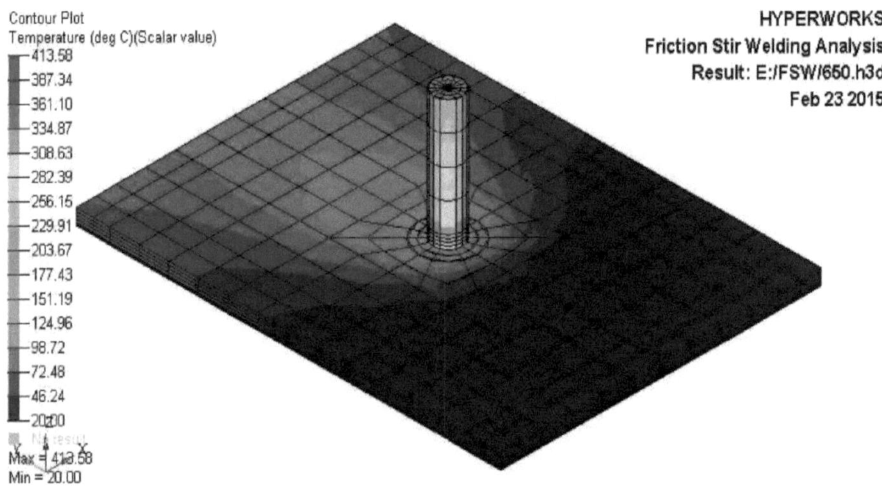

Fig.5.17 Distribuição da temperatura para a velocidade de rotação de 650 rpm

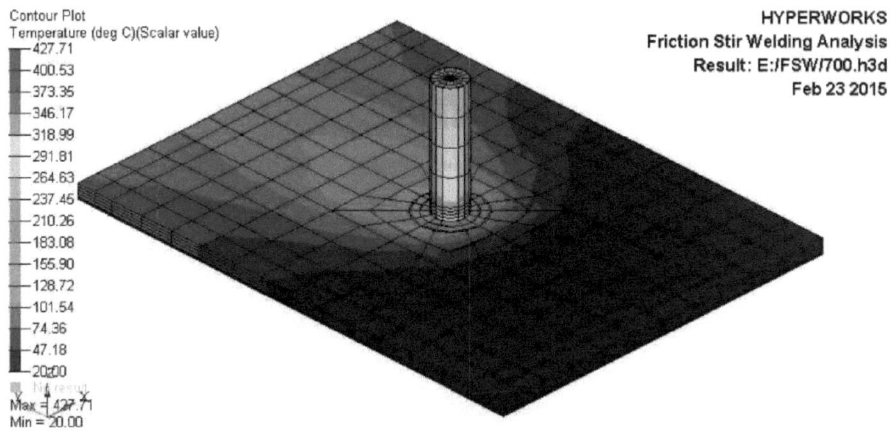

Fig.5.18 Distribuição da temperatura para uma velocidade de rotação de 700 rpm

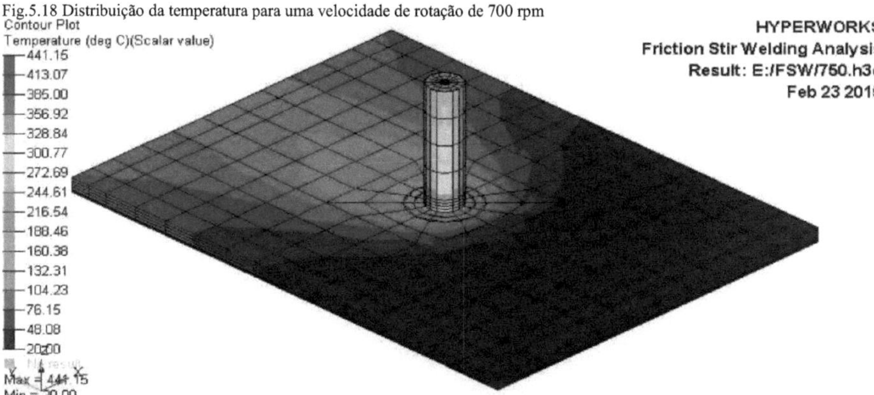

Fig.5.19 Distribuição da temperatura para a velocidade de rotação de 750 rpm

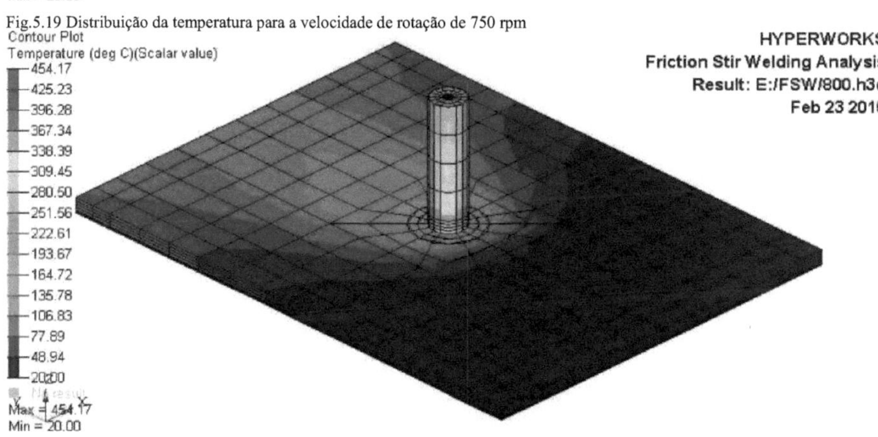

Fig.5.20 Distribuição da temperatura para a velocidade de rotação de 800 rpm

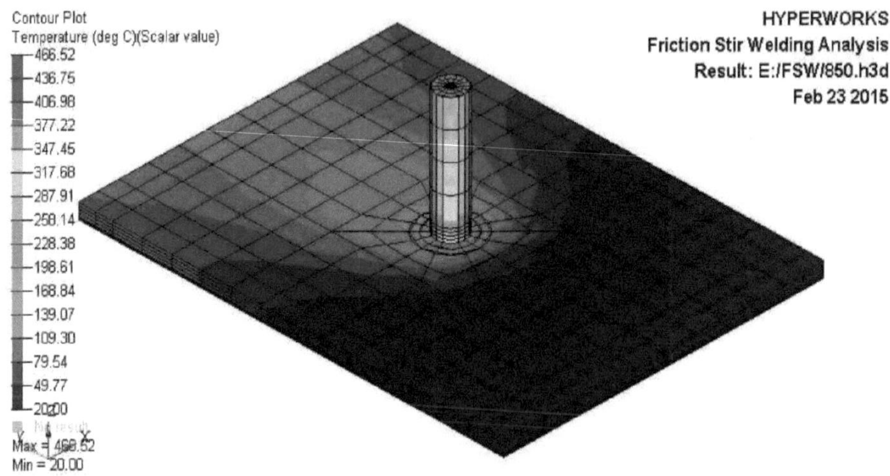

Fig.5.21 Distribuição da temperatura para a velocidade de rotação de 850 rpm

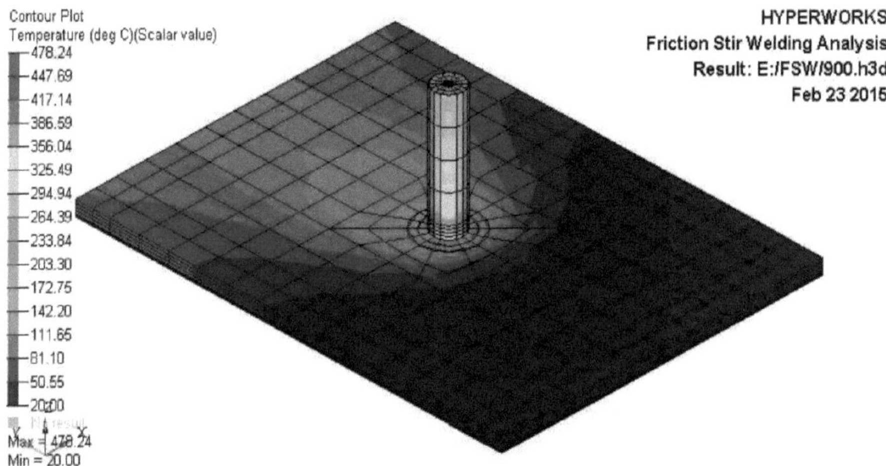

Fig.5.22 Distribuição da temperatura para a velocidade de rotação de 900 rpm

Tabela 5.2 Temperatura máx. Temperatura sem pré-aquecimento

S.No	rpm	Max Temp °C
1	600	398.70
2	650	413.58
3	700	427.71
4	750	441.15
5	800	454.17
6	850	466.52
7	900	478.24

A Figura 5.23 mostra a representação gráfica da variação da temperatura máxima em função do aumento da velocidade de rotação da ferramenta para uma gama selecionada de 600 rpm a 900 rpm sem pré-aquecimento da placa, ou seja, à temperatura ambiente de 20°C.

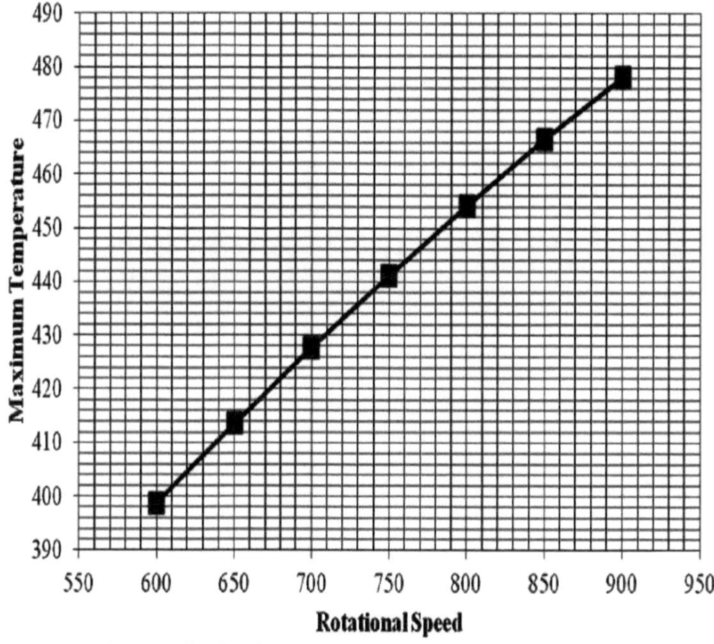

Fig.5.23 Gráfico da variação da temperatura sem pré-aquecimento

5.2.2. Temperatura máxima com pré-aquecimento das placas da peça de trabalho

A simulação de elementos finitos é efectuada com pré-aquecimento, ou seja, a temperatura inicial da placa da peça de trabalho varia de 20°C a 200°C com um passo de 20. A velocidade transversal de 5 mm/s é mantida constante. A presente simulação é efectuada para uma velocidade de rotação de 600 rpm. Os perfis de temperatura obtidos por simulação do processo são os seguintes:

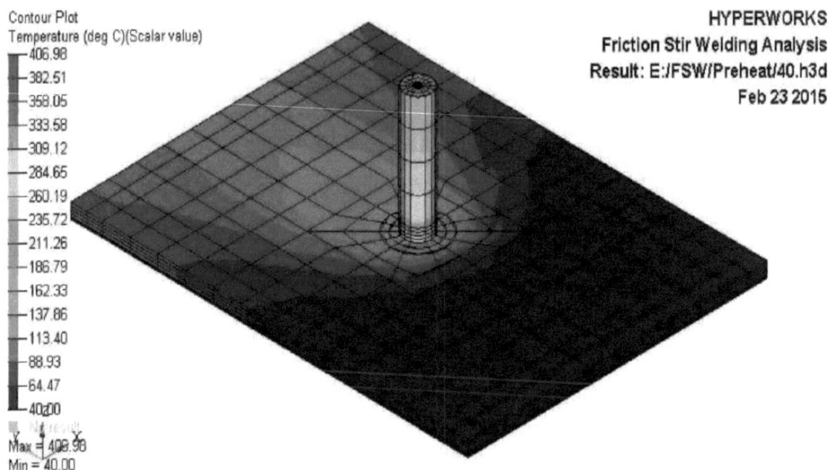

Fig.5.24 Distribuição de temperatura para pré-aquecimento de 40°C

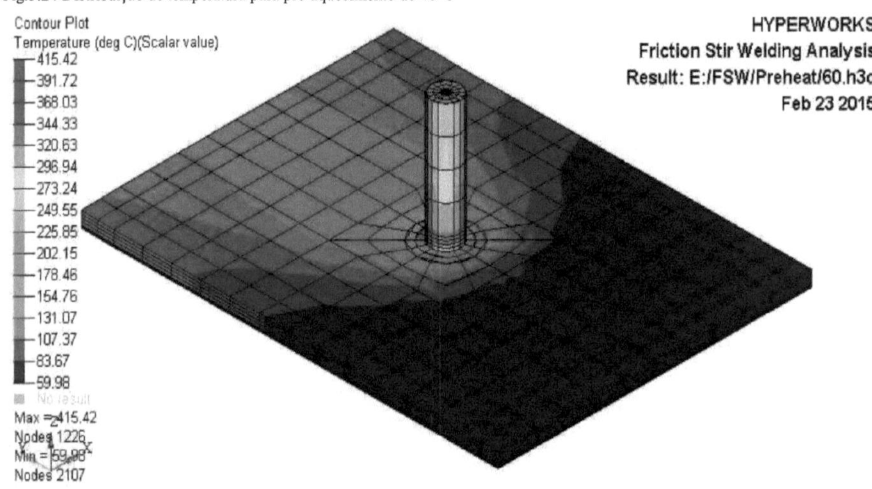

Fig.5.25 Distribuição de temperatura para pré-aquecimento de 60°C

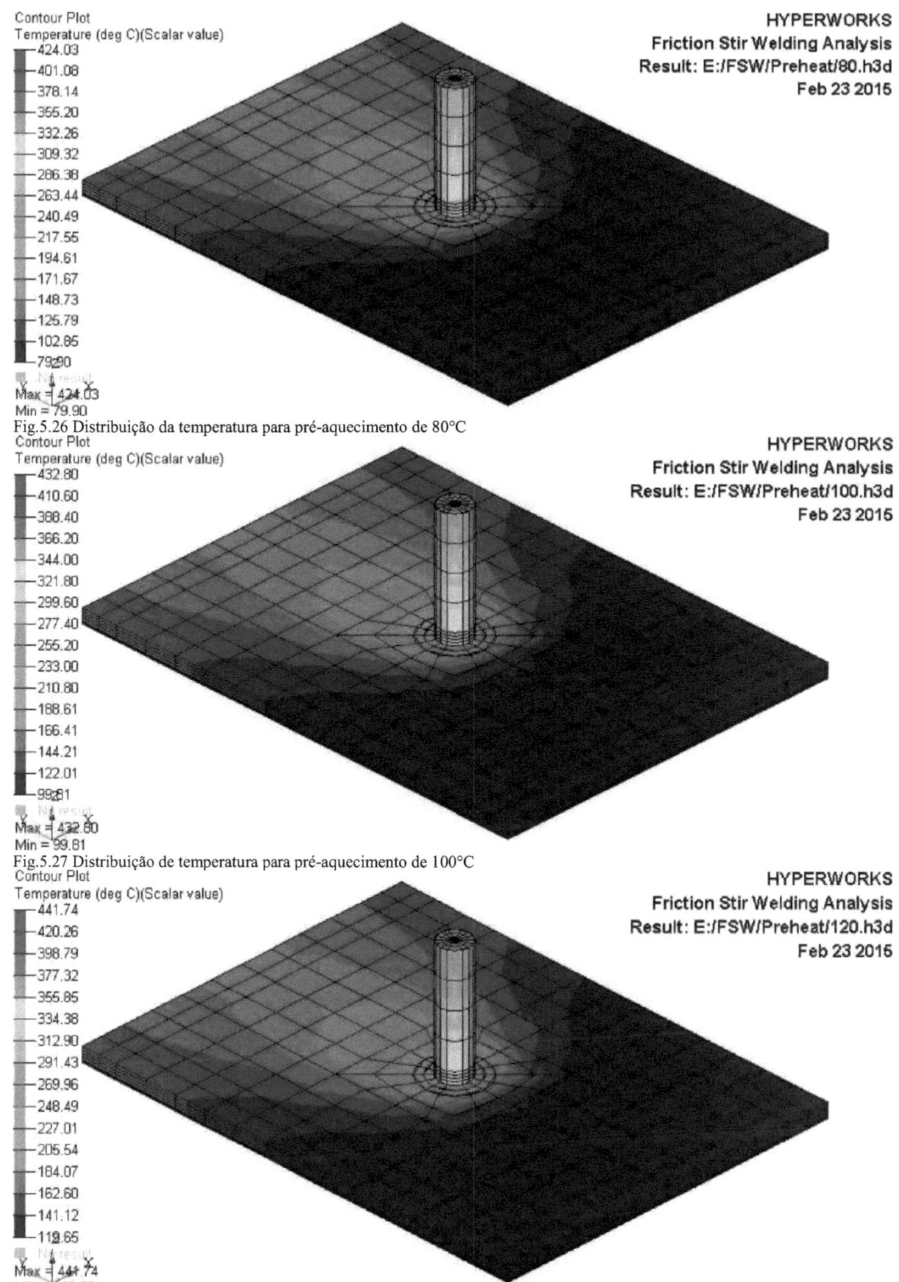

Fig.5.26 Distribuição da temperatura para pré-aquecimento de 80°C

Fig.5.27 Distribuição de temperatura para pré-aquecimento de 100°C

Fig.5.28 Distribuição de temperatura para pré-aquecimento de 120°C

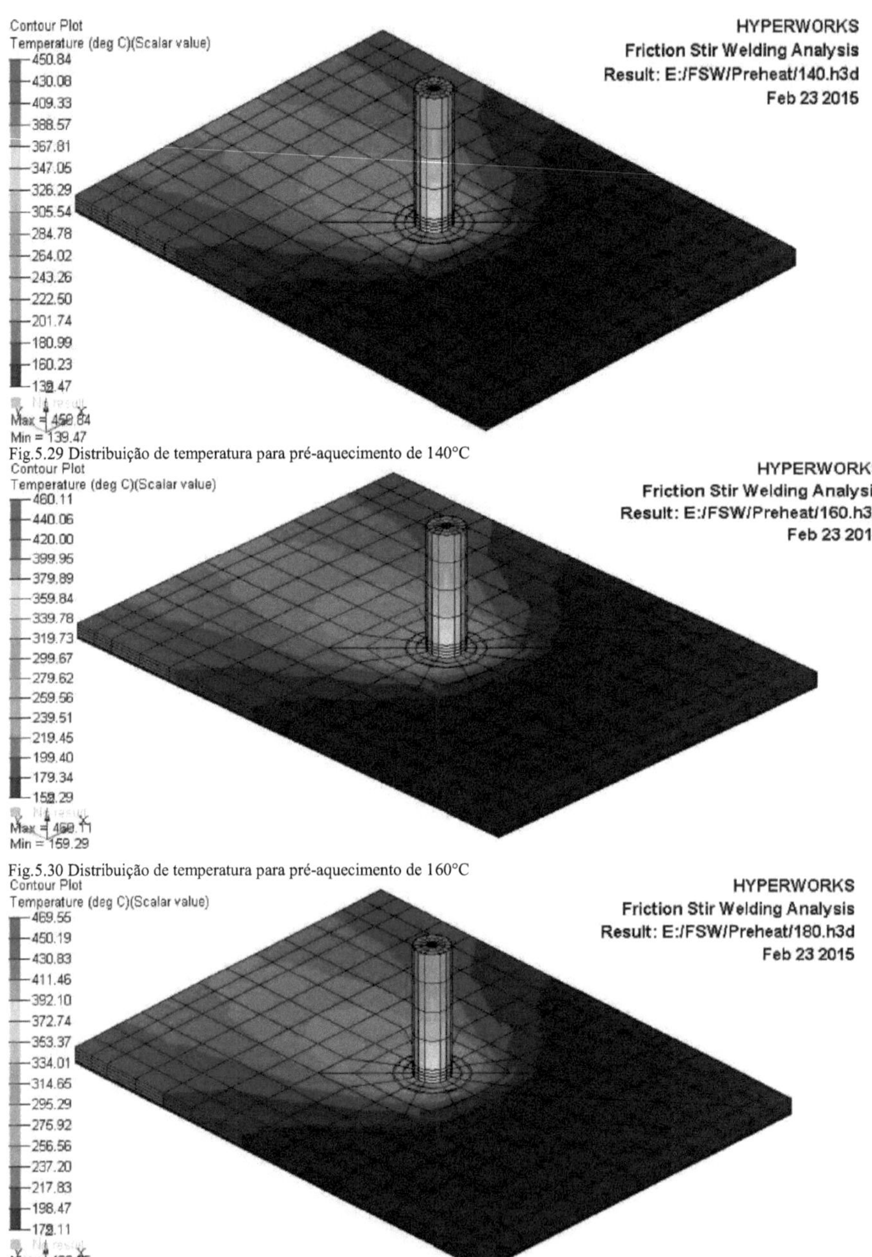

Fig.5.29 Distribuição de temperatura para pré-aquecimento de 140°C

Fig.5.30 Distribuição de temperatura para pré-aquecimento de 160°C

Fig.5.31 Distribuição de temperatura para pré-aquecimento de 180°C

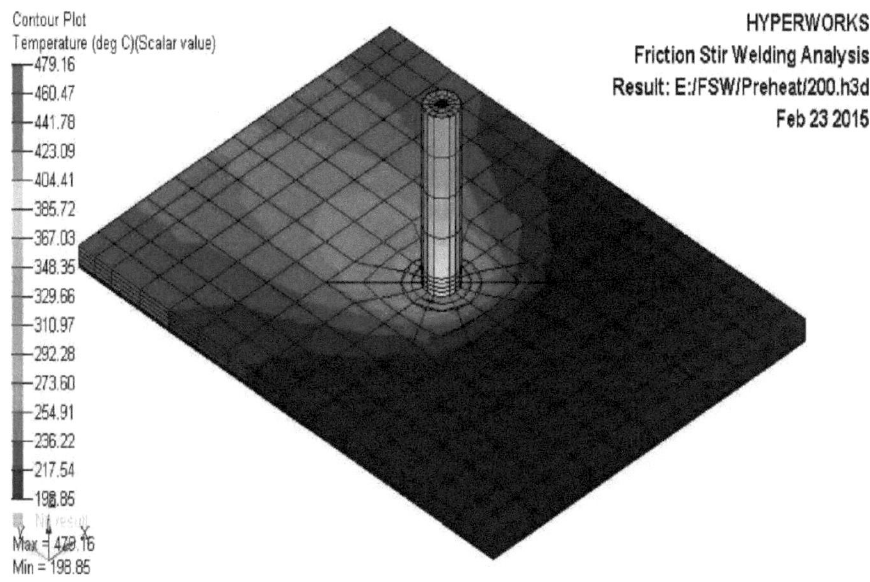

Fig.5.32 Distribuição de temperatura para pré-aquecimento de 200°C

Tabela 5.3. Temperatura máx. Temperatura máxima com pré-aquecimento

Pre-Heat Temp	20	40	60	80	100	120	140	160	180	200
Max. Temp	398.70	406.98	415.42	424.02	432.80	441.74	450.84	460.11	469.55	479.16

A Figura 5.33 mostra a representação gráfica da variação da temperatura máxima para diferentes temperaturas de pré-aquecimento da placa de 20°C a 200°C com o passo de 20°C a uma velocidade constante de rotação e transversal.

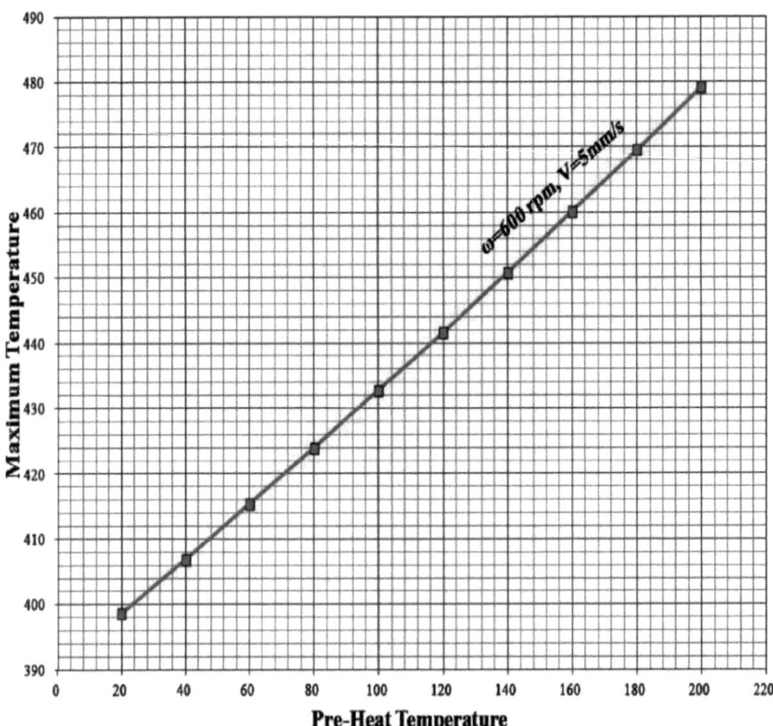

Fig.5.33 Gráfico da variação da temperatura máxima com o pré-aquecimento

5.2.3 Discussão dos resultados da Simulação-II

-A temperatura máxima ao longo da linha de soldadura foi simulada para velocidades de rotação variáveis de 600 rpm a 900 rpm com um passo de 50 rpm. A velocidade transversal de 5mm/s foi mantida constante. Observou-se que a temperatura máxima aumenta com o aumento da velocidade de rotação da ferramenta de soldadura por fricção.

Para a condição de pré-aquecimento, a simulação de elementos finitos foi efectuada com pré-aquecimento, ou seja, a temperatura inicial da placa da peça de trabalho varia de 20°C a 200°C com um passo de 20. A velocidade transversal de 5mm/s é mantida constante, esta simulação foi efectuada para uma velocidade de rotação de 600rpm.

Observa-se que a temperatura máxima de 478,24°C é atingida a 900 rpm com uma temperatura inicial de 20°C. A mesma gama de temperatura máxima ao longo da linha de soldadura da junta de topo da liga de alumínio durante o processo de soldadura por fricção é observada no caso de pré-aquecimento de placas de alumínio até 200°C apenas a 600 rpm.

A partir destas observações, pode dizer-se que o pré-aquecimento das placas da peça de trabalho resulta na redução da velocidade de rotação necessária. Uma vez que a velocidade de rotação da ferramenta durante a soldadura por fricção tem um impacto direto na força de aperto necessária para segurar as placas da peça de trabalho, a redução da velocidade de rotação também reduzirá a força de aperto necessária, reduzindo assim o custo adicional envolvido nos dispositivos de aperto para segurar as placas da peça de trabalho.

-A velocidade de rotação reduzida da ferramenta também é benéfica para melhorar a vida útil da ferramenta. O pré-aquecimento também pode ser vantajoso para aumentar a taxa de produção com a manutenção da qualidade da soldadura, uma vez que a redução da velocidade de rotação também reduz o tempo de processo envolvido na soldadura por fricção.

5.3. Modelo de Simulação-III

Através do modelo de simulação -III, são estudados os efeitos de dois parâmetros principais de soldadura, isto é, a velocidade de rotação da ferramenta (TR) e a velocidade de soldadura (WS), na temperatura máxima durante a soldadura por fricção da liga de alumínio AA-6061.

A simulação é projectada e as experiências virtuais são realizadas na ferramenta de simulação HyperWorks® . Os dados obtidos por simulação são analisados utilizando o software comercial Minitab [62]. A Tabela 5.4 mostra a forma tabulada da temperatura simulada para as combinações concebidas através do projeto de experiência pela técnica fatorial completa.

Uma vez que o processo de soldadura por fricção é um processo de união no estado sólido, a temperatura máxima atingida deve ser inferior à temperatura de solidificação do material da peça de trabalho, tal como referido por vários investigadores e autores. Os valores de temperatura obtidos por simulação estão dentro dos limites da temperatura máxima na soldadura por fricção.

Tabela 5.4. Temperaturas simuladas de acordo com as combinações de parâmetros projectadas

Simulation Runs	TR (rpm)	WS (mm/s)	Temp (°C)
S1	500	4	374.98
S2	500	5	366.82
S3	500	6	360.71
S4	650	4	422.97
S5	650	5	413.58
S6	650	6	406.41
S7	800	4	465.54
S8	800	5	454.17
S9	800	6	446.10

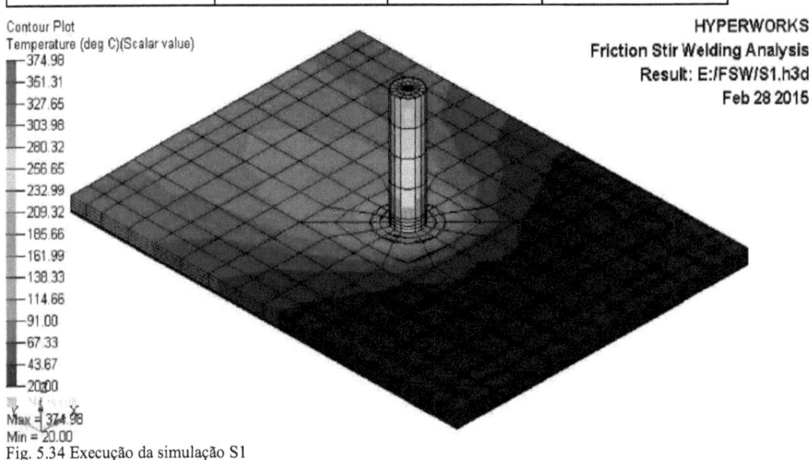

Fig. 5.34 Execução da simulação S1

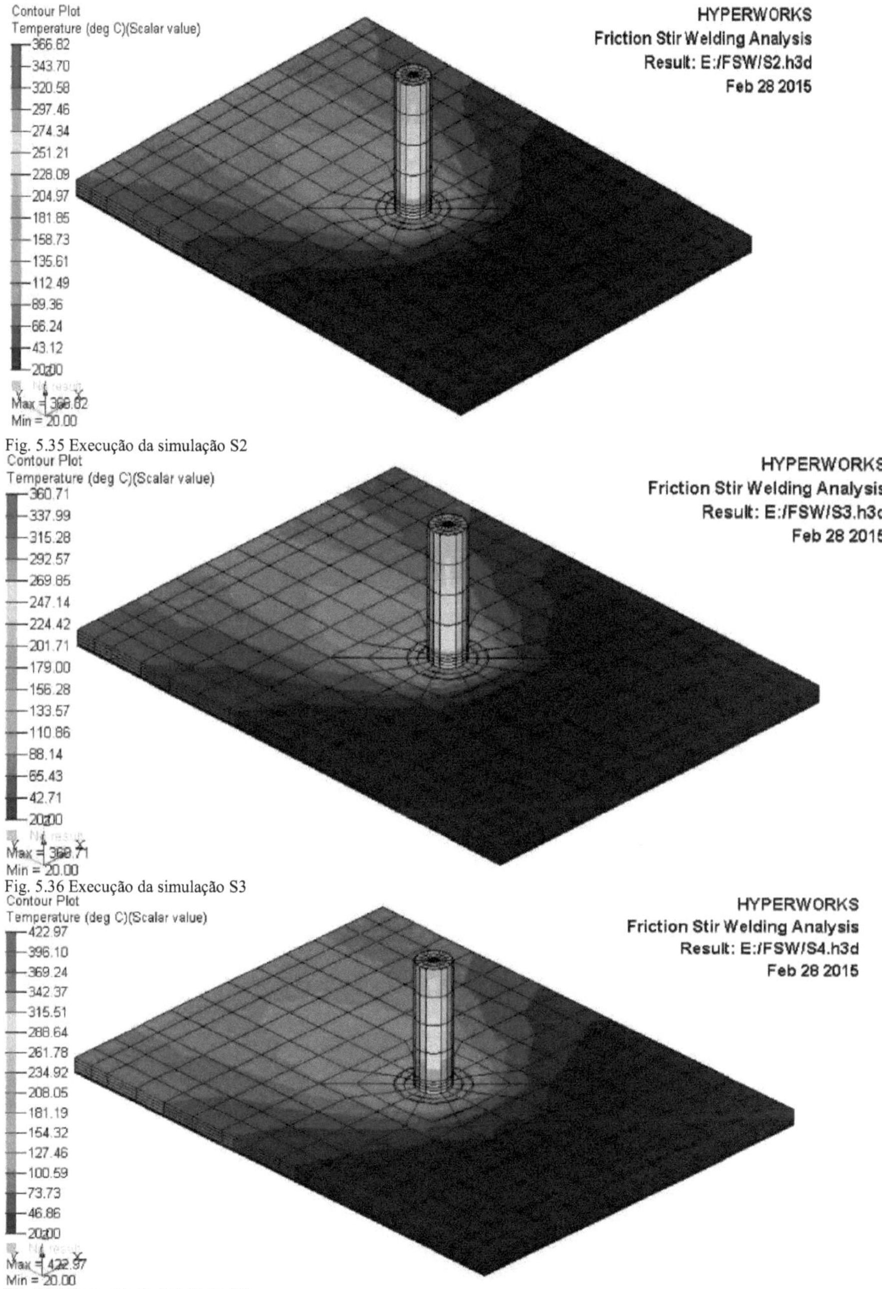

Fig. 5.35 Execução da simulação S2

Fig. 5.36 Execução da simulação S3

Fig. 5.37 Execução da simulação S4

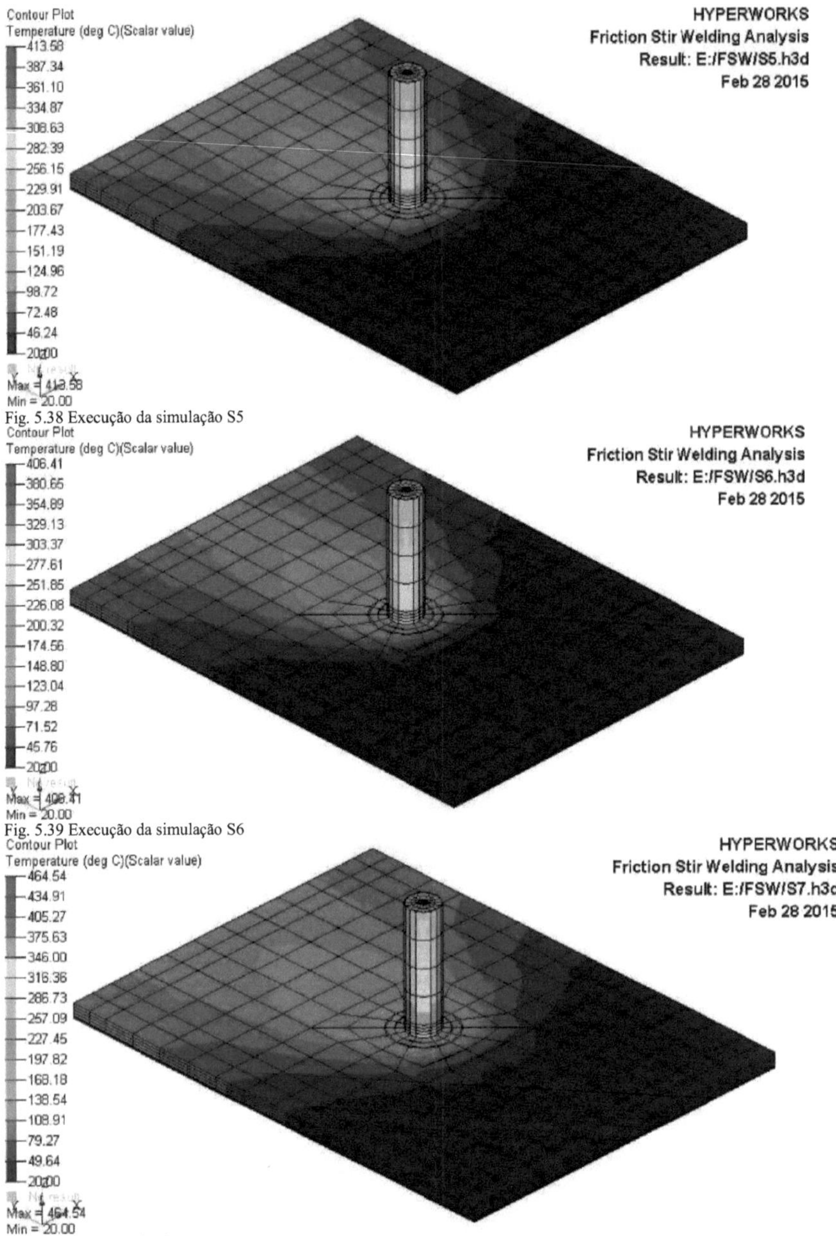

Fig. 5.38 Execução da simulação S5

Fig. 5.39 Execução da simulação S6

Fig. 5.40 Execução da simulação S7

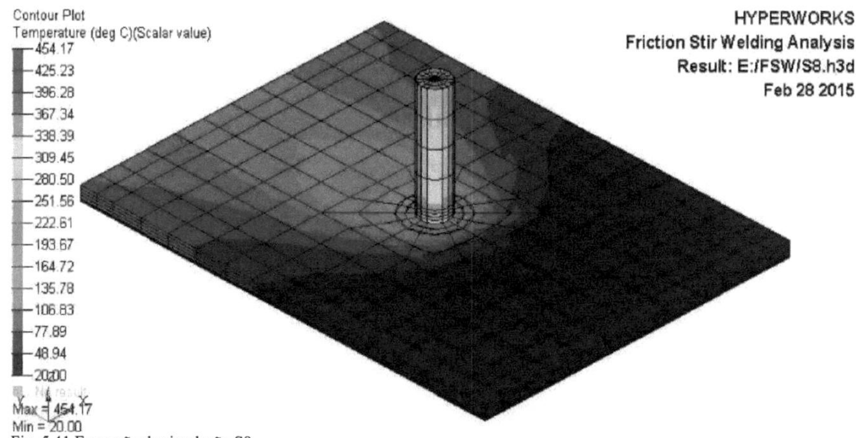

Fig. 5.41 Execução da simulação S8

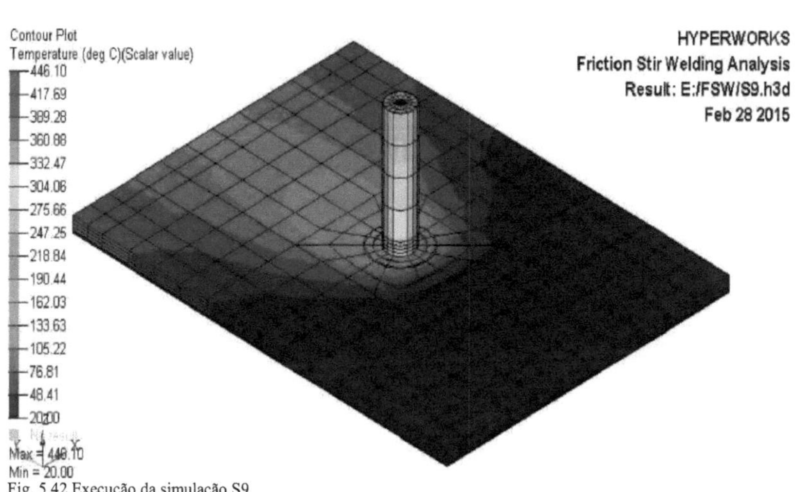

Fig. 5.42 Execução da simulação S9

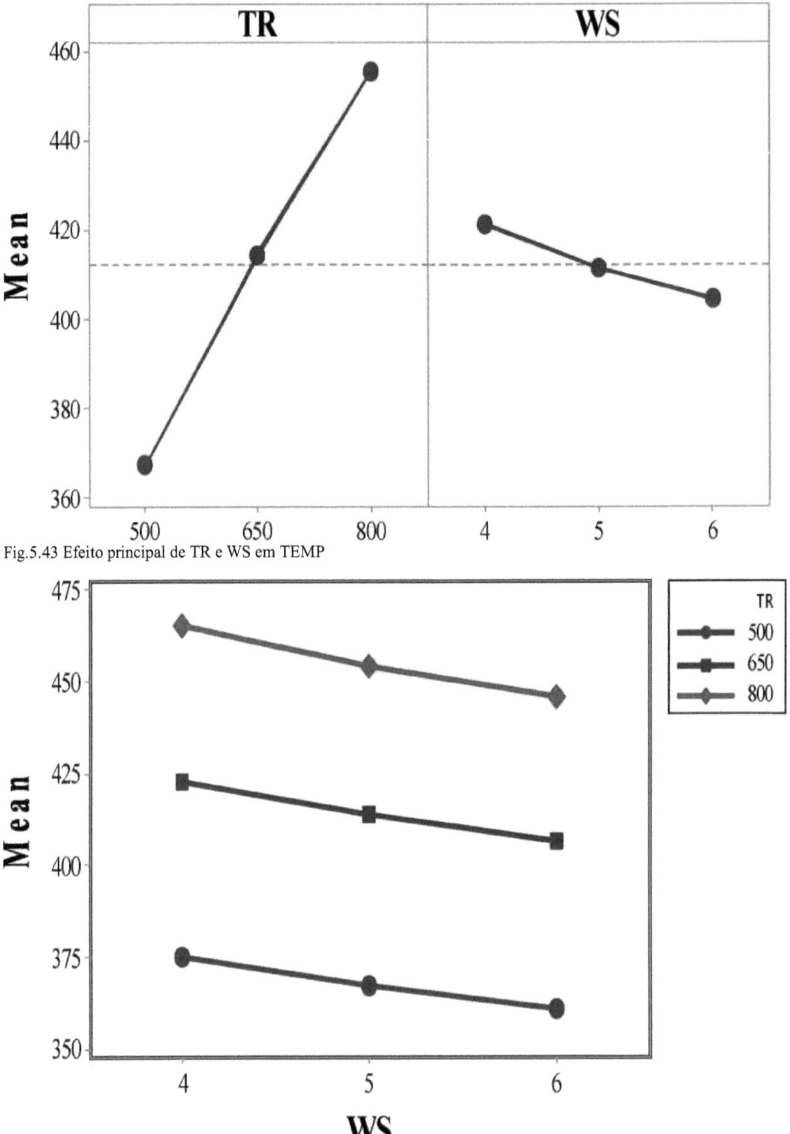

Fig.5.43 Efeito principal de TR e WS em TEMP

Fig.5.44 Efeito de interação de TR e WS em TEMP

Na soldadura por fricção, a qualidade da soldadura depende da temperatura máxima ao longo da linha de soldadura. No que diz respeito ao efeito dos parâmetros de soldadura na temperatura máxima, as observações são feitas com base em gráficos para os dados obtidos a partir da simulação do processo de soldadura. Os gráficos de efeito principal e de interação são obtidos através da ferramenta estatística Minitab [62].

A Figura 5.43 mostra o efeito principal ou o efeito individual da velocidade de rotação da ferramenta (TR) e da velocidade de soldadura (WS) na temperatura máxima ao longo da linha de soldadura durante a soldadura por fricção e observa-se que a temperatura aumenta com o aumento da velocidade de rotação da ferramenta e diminui com o aumento da temperatura. A Figura 5.44 mostra a interação ou o efeito combinado da rotação da ferramenta (TR) e da velocidade de soldadura (WS) na temperatura durante a soldadura por fricção da liga de alumínio AA-6061.

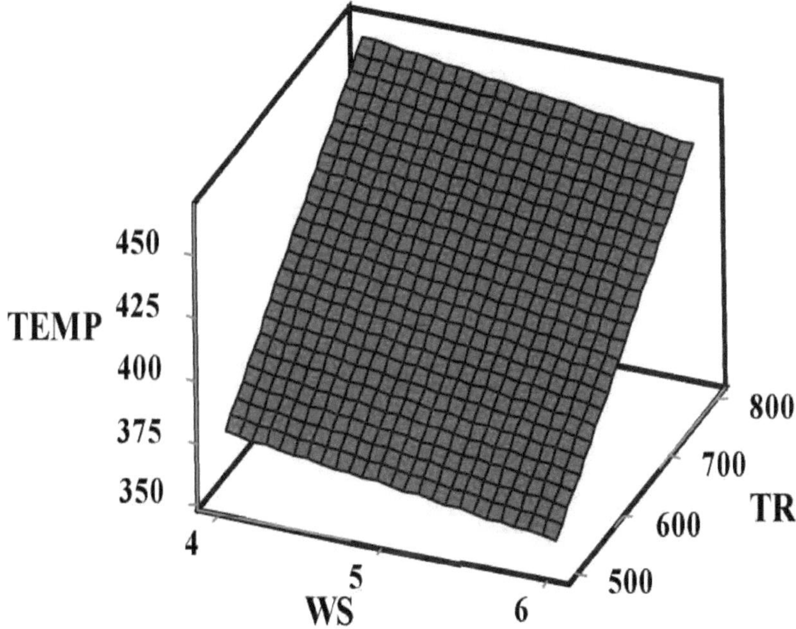

Fig. 5.45 Gráfico de superfície de TEMP vs TR e WS

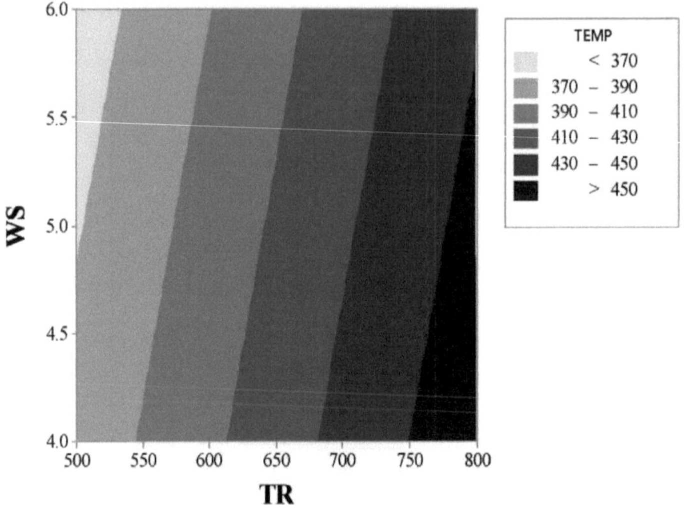

Fig. 5.46 Gráfico de contorno de TEMP vs TR e WS

5.3.1. Desenvolvimento da relação matemática

A correlação entre os factores como a velocidade de rotação da ferramenta (TR), a velocidade de soldadura (WS) e a temperatura máxima (TEMP) durante a soldadura por fricção de ligas de alumínio 6061 é obtida por regressões lineares múltiplas. As relações empíricas obtidas por análise de regressão dão resultados bastante bons dentro da gama de TR de 500-800 rpm e velocidade de soldadura de 4-6 mm/s. A equação ou modelo de regressão obtido é o seguinte:

$$\textbf{TEMP} = \textbf{264.09} + \textbf{0.29256 TR} - \textbf{8.378 WS} \qquad R^2{=}99.77\% \qquad (5.1)$$

Para validar o modelo de regressão, foi efectuado um ensaio de simulação FSW com TR de 600 rpm e WS de 5 mm/s. Os valores obtidos pelo modelo de regressão e pela simulação experimental são comparados como se mostra na tabela 5.5, observando-se que o resultado da simulação mostra uma variação de 0,241 %.

Tabela 5.5. Comparação dos resultados

Output Parameter	Simulation Result	Regression Result	Error (%)
Max. Temp (°C)	398.697	397.736	0.241

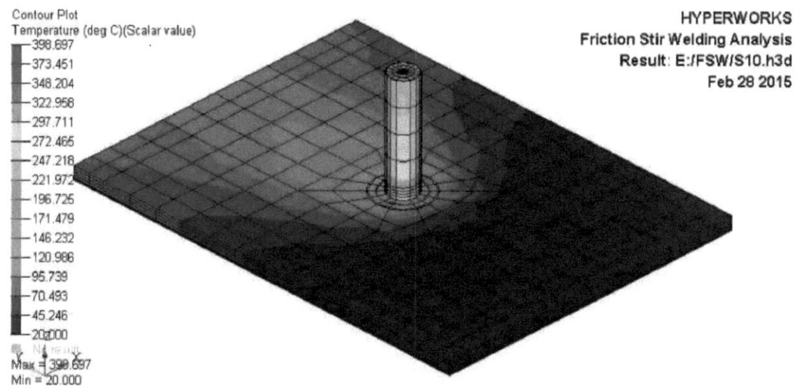

Fig. 5.47 Execução da simulação de ensaio

5.3.2 Discussão dos resultados da Simulação-III

- A qualidade da soldadura da junta soldada por fricção depende muito da temperatura máxima atingida ao longo da linha de soldadura durante o processo, porque a temperaturas elevadas dentro do limite, a ação de agitação da ferramenta é melhorada devido ao amolecimento da peça de trabalho.

- A partir da investigação, verificou-se que o aumento da velocidade de rotação da ferramenta TR aumenta a temperatura porque o tempo de processo aumenta, resultando na geração de mais calor de fricção na interfase entre a ferramenta e a peça. Verifica-se também que o aumento da velocidade de soldadura diminui a temperatura devido ao tempo de processo relativamente menor e à geração de menos calor de fricção.

- A simulação com TR de 800 rpm e WS de 4 mm/s apresentou o valor máximo de temperatura, enquanto a simulação com TR de 500 rpm e WS de 6 mm/s atingiu a temperatura mínima ao longo da linha de soldadura durante a soldadura por fricção da liga de alumínio AA-6061.

- A partir da ANOVA, conclui-se que a velocidade de rotação da ferramenta é o principal parâmetro de entrada que tem uma elevada influência estatística na temperatura máxima durante o processo de soldadura por fricção.

- O modelo de regressão desenvolvido nesta investigação pode ser utilizado para a previsão em tempo real da temperatura máxima para várias velocidades de rotação da ferramenta e velocidades de soldadura sem efetuar simulações. As relações gráficas são obtidas de modo a observar os efeitos dos parâmetros no valor máximo da temperatura durante a soldadura por fricção de ligas de alumínio.

5.4 Modelo de simulação-IV

Durante a soldadura por fricção, a temperatura máxima na interface entre a ferramenta e a peça, dentro de limites aceitáveis, é responsável pela boa qualidade da junta FSW. A previsão da distribuição da temperatura é um aspeto essencial para realizar com êxito o processo de soldadura por fricção. A temperatura máxima ao longo da linha de soldadura é regida por vários parâmetros do processo. Placas de liga de alumínio AA6061 305x152x6,35 (mm) de acordo com os dados experimentais do trabalho de Zhili Feng et al. [60]. No seu trabalho, o comprimento de soldadura foi de 275 mm, que é considerado como o comprimento das chapas no presente trabalho. A experiência virtual do processo de soldadura por fricção é realizada para a junta de topo de placas de material AA6061. As previsões e os resultados do modelo foram validados com os dados experimentais obtidos no trabalho de Zhili Feng et al. [60].

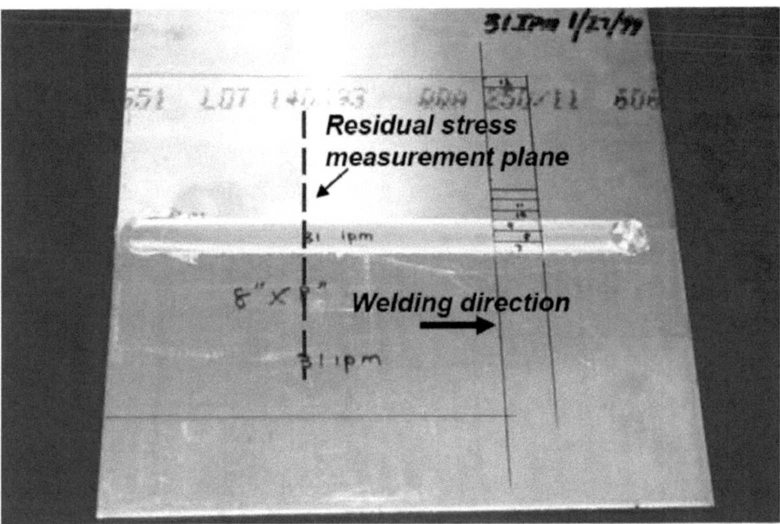

Fig.5.48 Soldadura por fricção de placas de Al realizada por Zhilli Feng et al. [60].

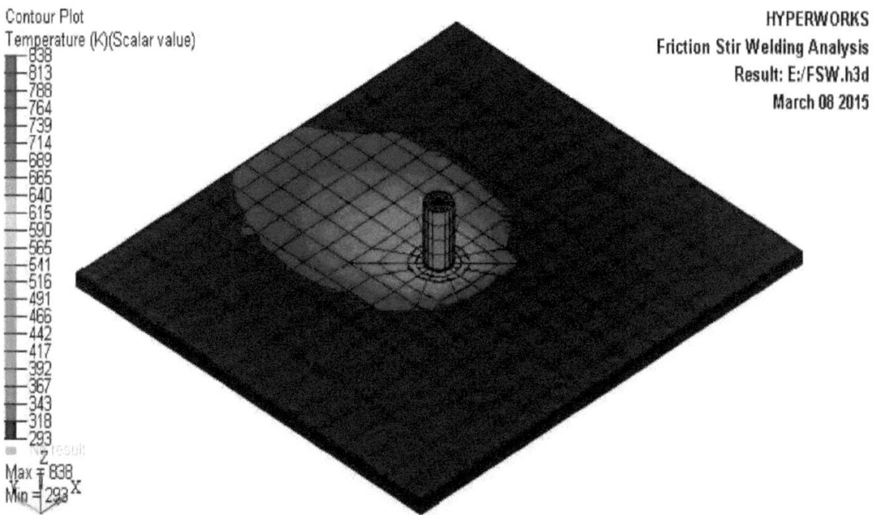

Fig.5.49 Vista isométrica da distribuição da temperatura no modelo de simulação-IV

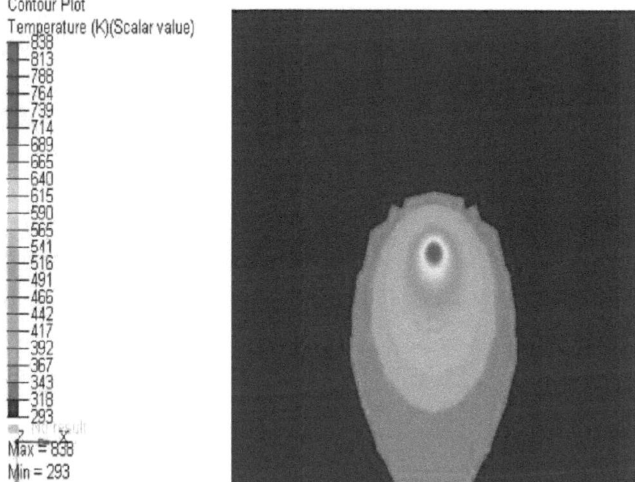

Fig. 5.50 Distribuição da temperatura a partir da superfície superior da peça de trabalho.

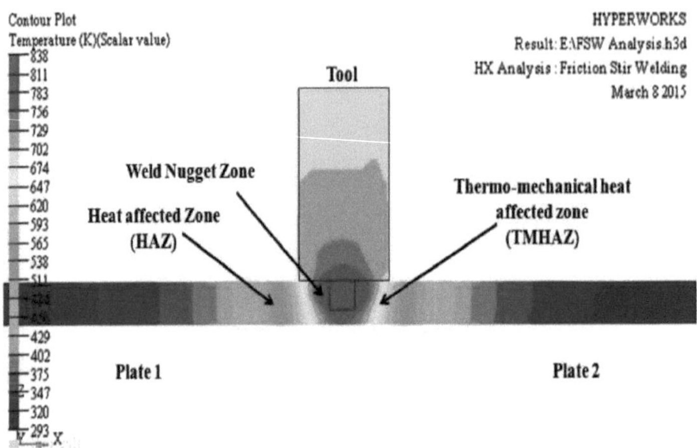

Fig. 5.51 Zonas diferentes no modelo de simulação-IV

As figuras 5.49 e 5.50 mostram a vista isométrica e superior do modelo simulado do processo de soldadura por fricção, respetivamente, mostrando os contornos de temperatura dos valores mínimos (azul) aos máximos (vermelho). Também mostram o gráfico de contorno da temperatura simulada mostrando a ferramenta na posição média das chapas durante a soldadura por fricção de chapas AA6061. A análise de elementos finitos em regime transiente é efectuada considerando uma fonte de calor em estado estacionário. A temperatura máxima atingida no presente modelo de simulação -IV é de 838K (aprox.) na interface ferramenta-peça, que é 17K inferior à temperatura de solidificação da peça, ou seja, 855K para AA-6061, e está dentro do intervalo aceite de temperatura máxima necessária para a soldadura por fricção. O valor simulado da temperatura máxima no presente trabalho está próximo da temperatura máxima de 845K que foi obtida por Zhilli Feng et al. [60] durante o seu trabalho experimental. A Figura 5.51 mostra as diferentes zonas criadas durante a soldadura por fricção, tais como a zona de soldadura, a zona termomecânica afetada pelo calor (TMHAZ) e a zona afetada pelo calor (HAZ). A Figura 5.52 mostra a distribuição de temperatura para o lado de avanço durante a análise de elementos finitos da soldadura por fricção e a ferramenta como uma fonte de calor em estado estacionário no meio das placas.

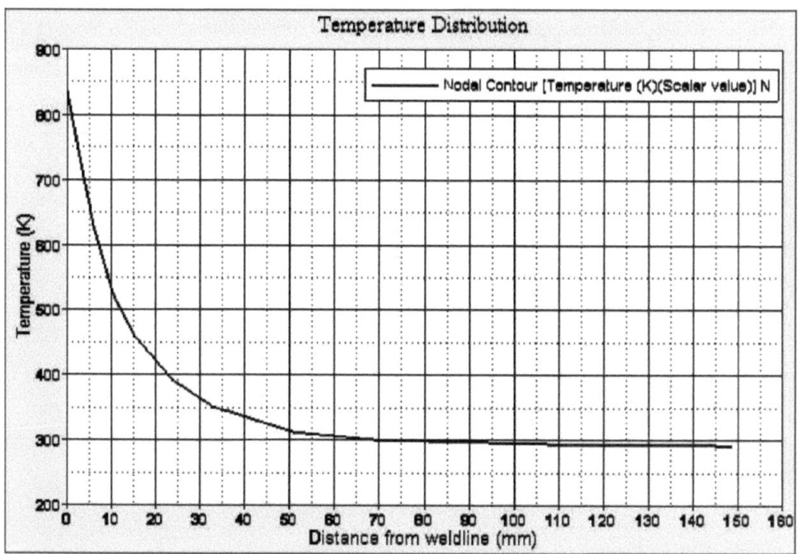

Fig. 5.52 Distribuição da temperatura para o lado do avanço no meio das placas.

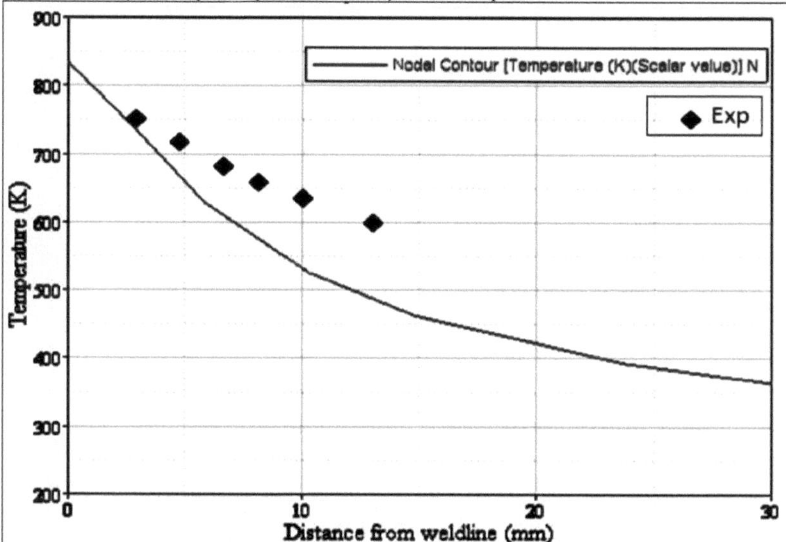

Fig. 5.53 Comparação da temperatura máxima simulada e experimental em função da distância à linha de soldadura.

5.4.1 Discussão dos resultados da Simulação-IV

- A análise de elementos finitos transientes da soldadura por fricção é efectuada considerando a ferramenta como fonte de calor em estado estacionário, a fim de prever a distribuição da temperatura durante a soldadura por fricção da liga de alumínio AA-6061.

- Os resultados da simulação são validados com os resultados experimentais de Zhilli Feng et al. Observa-se que os resultados da simulação têm uma boa concordância com os valores experimentais perto da linha de soldadura.

- À medida que nos afastamos da linha de soldadura, há uma variação nos valores de simulação e experimentais que pode ser devida a diferentes coeficientes de transferência de calor considerados durante o processo de soldadura por fricção.

- Também se observa que a distribuição da temperatura no processo de soldadura por fricção é simétrica ao longo da linha de soldadura.

CAPÍTULO 6

CONCLUSÕES E ÂMBITO DO TRABALHO FUTURO

6.1. Conclusões

As conclusões que se seguem são retiradas das presentes investigações através da análise de elementos finitos do processo de soldadura por fricção em ligas de alumínio.

- A simulação mostra que a soldadura por fricção pode ser efectuada com sucesso a baixas velocidades de rotação do ponto de vista da conservação de energia.
- O pré-aquecimento das placas da peça de trabalho resulta na redução da velocidade de rotação necessária, o que reduzirá a força de aperto necessária, juntamente com o aumento da vida útil da ferramenta.
- A relação matemática desenvolvida pode ser utilizada eficazmente para prever a temperatura máxima durante a soldadura por fricção da liga de alumínio dentro da gama de parâmetros utilizados.
- A temperatura máxima durante a soldadura por fricção aumenta com a velocidade de rotação e diminui com a velocidade de soldadura, a distribuição da temperatura é simétrica ao longo da linha de soldadura.
- Os resultados da simulação apresentam uma boa concordância com os valores experimentais perto da linha de soldadura. A análise de elementos finitos efectuada no HyperWorks® abriu novas portas para a modelação e simulação da soldadura por fricção.

6.2. Âmbito para trabalhos futuros

- A análise por elementos finitos da soldadura por fricção pode ser alargada através da investigação do efeito da geometria da ferramenta na distribuição da temperatura ao longo da linha de soldadura.
- A análise de elementos finitos da soldadura por fricção pode ser alargada através da investigação das tensões residuais desenvolvidas durante o processo.
- A análise termo-mecânica da soldadura por fricção pode ser efectuada considerando a ferramenta como uma fonte de calor em movimento, utilizando o pacote de simulação ANSYS® .

REFERÊNCIAS

I. Patente

[1] W. Thomas, E. Nicholas, J. Needham et al., G.B. Patent Application No. 9125978.8 (Dez 1991).

II. Revista Internacional

[2] A. K. Hussain, S. A. P. Quadri, Evaluation of Parameters of Friction Stir Welding For Aluminium AA6351 Alloy, International Journal of Engineering Science and Technology Vol. 2(10), 2010, 5977-5984.

[3] A. Pradeep, A Review on Friction Stir Welding of Steel, International Journal of Engineering Research and Development e- ISSN: 2278-067X, p-ISSN: 2278800X, Volume 3, Issue 11 (setembro de 2012), PP. 75-91.

[4] Abdul Arif, Saurabh Kumar Gupta, K.N.Pandey, "Finite Element Modelling for Validation of Maximum Temperature in Friction Stir Welding of Aluminium Alloy", 3ª Conferência Internacional sobre Produção e Engenharia Industrial, CPIE- 2013, no NIT, Jalandhar, Punjab.

[5] Armansyah, I. P. Almanar, M. Saiful Bahari Shaari, M. Shamil Jaffarullah, Nur'amirah Busu, M. Arif Fadzleen Zainal Abidin, M. Amlie A. Kasim, Distribuição da temperatura na soldadura por fricção utilizando o método dos elementos finitos, International Journal of Mechanical, Aerospace, Industrial and Mechatronics Engineering Vol:8 No:10, 2014.

[6] Ayad M. Takhakh & Hamzah N. Shakir, Experimental and numerical evaluation of friction stirs welding of AA 2024-W aluminum alloy, , Journal of Engineering, Volume 18, Number 6, June 2012.

[7] Bang Hee Seon & Bang Han Sur, Transient Thermal Analysis of Friction Stir Welding using 3D-Analytical Model of Stir Zone, Journal of KWJS, Vol. 26, No. 6, December, 2008.

[8] Binnur Goren Kiral, Mustafa Tabanoglu, H. Tarik Serindag , Modelação por elementos finitos da soldadura por fricção em juntas de ligas de alumínio, Aplicações matemáticas e computacionais, Vol. 18, N.º 2, pp.122-131, 2013.

[9] Byeong-Choon Goo & Hyun-Seung Jung, 3D Finite Element Analysis of Friction Stir Welding of Al6061 Plates, Journal of KWJS Vol.29 No.4(2011) pp435-441.

[10] C.G. Rhodes, M.W. Mahoney, W.H. Bingel, R.A. Spurling e C.6. Bampton, "Effects of friction stir welding on microstructure of 7075 aluminium" (Efeitos da soldadura por fricção na microestrutura do alumínio 7075) Scripta Matêrialia. Vol. 36. No.1, 1997.

[11] C.M. Chen & R. Kovacevic, Finite element modeling of friction stir welding- thermal and thermomechanical analysis, International Journal of Machine Tools & Manufacture 43 (2003)

1319-1326.

[12] C.M. Chen & R. Kovacevic, Thermomechanical modelling and force analysis of friction stir welding by the finite element method, Proceedings of the Institution of Mechanical Engineers, Part C: Journal of Mechanical Engineering Science 2004 218: 509

[13] Cavalierea P., Squillace A., 2005. Deformação a alta temperatura da liga de alumínio 7075 processada por fricção. Materials Characterization 55: 136- 142.

[14] Chao, Y.J. e Qi, X.H. "Thermal and thermo-mechanical modeling of friction stir welding of aluminum alloy 6061-T6." Journal of Materials Processing & Manufacturing Science 7, no. 2 (1998): 215-233.

[15] Chena Y., Liu H., Feng J., 2006. Caraterísticas da soldadura por fricção de diferentes placas de liga de alumínio 2219 com estado tratado termicamente. Ciência e Engenharia de Materiais A 420: 21-25.

[16] D. M. Rodrigues, A. Loureiro, C. Leita'o. R. M. Leal, B. M. Chaparro e P. Vilac,a: 'Influence of FSW parameters on the microstructural and mechanical properties of AA 6016-T4 thin welds', Mater. Des., 2009, 30, 1913-1921.

[17] Darko M. VELJIC, Aleksandar S. SEDMAK, Marko P. RAKIN, Nikola S. BAJIC, Bojan I. MEDJO, Darko R. BAJIC e Vencislav K. GRABULOV, Experimental e Numérico Thermo - Análise Mecânica de Friction Stir Welding of High - Strength Aluminium Alloy, Thermal Science: Ano 2014, Vol. 18, Suppl. 1, pp. S29-S38.

[18] Elangovan K., Balasubramanian V., 2007. Influências do perfil do pino e da velocidade de rotação da ferramenta na formação da zona de processamento por fricção na liga de alumínio AA2219. Ciência e Engenharia de Materiais A 459: 7-18.

[19] Esther T. Akinlabi Adrian C. S. Levy, Stephen A. Akinlabi, Design de um sistema de suporte para uma fresadora reconfigurada para obter soldas por fricção, Proceedings of the World Congress on Engineering 2013 Vol I, WCE 2013, 3 a 5 de julho de 2013, Londres, Reino Unido.

[20] Fadi Al-Badour & Nesar Merah & Abdelrahman Shuaib & Abdelaziz Bazoune, Thermo-mechanical finite element model of friction stir welding of dissimilar alloys, Int J Adv Manuf Technol (2014) 72:607-617, Springer-Verlag London 2014.

[21] Frigaard, Oyvind, Oystein Grong, e O. T. Midling. "Um modelo de processo para soldadura por fricção de ligas de alumínio de endurecimento por envelhecimento". Transacções metalúrgicas e de materiais A 32.5 (2001): 1189-1200.

[22] G. Buffa, L. Fratini, S. Pasta, Tensões residuais na soldadura por fricção: Numerical Simulation And Experimental verification, JCPDS-International Centre for Diffraction Data 2009, ISSN

1097-0002, pp. 444-453.

[23] G. Oertelt, S. S. Babu, S. A. David e E. A. Kenik "Effect of Thermal Cycling on Friction Stir Welds of 2195 Aluminum Alloy" Welding Research Supplement, (2001) pp. 71-79.

[24] H. Jamshidi Aval & S. Serajzadeh & A. H. Kokabi, Theoretical and experimental investigation into friction stir welding of AA 5086, Int J Adv Manuf Technol (2011) 52:531-544.

[25] Hongjun Li e Di Liu, Simplified Thermo-Mechanical Modeling of Friction Stir Welding with a Sequential FE Method, International Journal of Modeling and Optimization, Vol. 4, No. 5, outubro de 2014.

[26] Kareem N. Salloomi, Laith Abed Sabri, Yahya M. Hamad, Sanaa Numan Mohammed, Análise de elementos finitos não lineares tridimensionais da resposta térmica e mecânica de placas de alumínio 2024-T3 soldadas por fricção, Journal of Information Engineering and Applications, Vol.3, No.9, 2013.

[27] Kadir Gok & Mustafa Aydin, Investigações do processo de soldadura por fricção utilizando o método dos elementos finitos, Int J Adv Manuf Technol (2013) 68:775-780, Springer-Verlag London 2013.

[28] Karthikeyan L., Senthilkumar V. S., Balasubramanian V., Natarajan S., 2009. Propriedades mecânicas e alterações microestruturais durante o processamento por fricção da liga de alumínio fundido 2285, Materials and Design 30(6): 2237-2242.

[29] Kumara K., Kailas V. S., 2008. Sobre o papel da carga axial e o efeito da posição da interface na resistência à tração de uma liga de alumínio soldada por fricção. Materiais e Design 29: 791-797

[30] Lee W. B., Yeon Y. M., Jung S. B., 2003. A melhoria das propriedades mecânicas da liga de Al A356 soldada por fricção. Materials Science and Engineering A 355: 154-/159.

[31] Lombard H., Hattingh D. G., Steuwer A., James M. N., 2008. Otimização dos parâmetros do processo FSW para minimizar os defeitos e maximizar a vida à fadiga na liga de alumínio 5083-H321. Mecânica da Fratura em Engenharia 75: 341-354.

[32] Mahoney, C.G. Rhodes, J.G. Flintoff, R.A. Spurling, W.H. Bingel, Metall. "Properties of FSW 7075 T651 Aluminum", Metall. Mater. Trans. A, 29, 1998.

[33] M. R. Pacheco & P.M. Calas Lopes Pacheco, Modeling Temperature Distribution In Friction Stir Welding Using The Finite Element Method, 20º Congresso Internacional de Engenharia Mecânica, 15 a 20 de novembro de 2009, Brasil.

[34] M.S.Sidhu & S.S.Chatha, Friction Stir Welding - Process and its Variables: A Review, International Journal of Emerging Technology and Advanced Engineering, Volume 2, Issue 12,

December 2012.

[35] Muhsin Jaber Jweeg, Moneer Hameed Tolephih, Muhammed Abdul-Sattar, Investigação teórica e experimental da distribuição de temperatura transiente na soldadura por fricção de AA 7020-T53, Journal of Engineering, Volume 18, Número 6, junho de 2012.

[36] Mustafa B., Adem K., 2004. A influência da geometria do agitador na ligação e nas propriedades mecânicas no processo de soldadura por fricção. Materials & Design, 25: 343-347.

[37] N Rajamanickam, V Balusamy, PR Thyla & G Hari Vignesh, Numerical Simulation of Thermal history and residual stresses in friction stir welding of Al 2014-T6, Journal of Scientific & Industrial Research, Vol. 68, março de 2009, pp. 192-198.

[38] P. Colegrove, "3 Dimensional Flow and Thermal Modelling of the Friction Stir Welding Process, Tese de Mestrado em Ciências de Engenharia, Universidade de Adelaide, janeiro de 2001.

[39] P. L. Threadgill: TWI Bull, 1997, **28**, 30-33.

[40] P. L. Threadgill, A. J. Leonard, H. R. Shercliff, e P. J. Withers, "Friction stir welding of aluminum alloys," Int Mater Rev, vol. 54, pp. 49-93, 2009.

[41] Pouget G., Reynolds A.P. , Residual stress and microstructure effects on fatigue crack growth in AA2050 friction stir welds, International Journal of Fatigue 30 (2008) 463-472.

[42] Qasim M. Doos, Muhsin Jabir Jweeg & Sarmad Dhia Ridha, Analysis of Friction Stir Welds. Parte I: Simulação Térmica Transiente Utilizando Fonte de Calor Móvel, The 1st Regional Conference of Eng. Sci. NUCEJ Spatial ISSUE vol.11, No.3 2008 pp 429-437.

[43] Qasim M. Doos Ahmad Zaidan Hassan R. Hassan, Análise teórica da distribuição da temperatura na soldadura por fricção, Journal of Engineering, Volume 17, Número 3, junho de 2011.

[44] Rajakumar S., Muralidharan C., Balasubramanian V., 2011. Influência do processo de soldadura por fricção e dos parâmetros da ferramenta nas propriedades de resistência das juntas de liga de alumínio AA7075-T6. Materials and Design 32: 535-549.

[45] R.K. Uyyuru & Satish V. Kailas, Numerical Analysis of Friction Stir Welding Process, JMEPEG (2006) 15:505-518, ASM International.

[46] R.S. Mishra, Z.Y. Ma, Friction stir welding and processing, Materials Science and Engineering, Elsevier, agosto de 2005, 1-78.

[47] Rai R, De A, Bhadeshia HKDH, DebRoy T., (2011), "friction stir welding tools", Science and Technology of Welding and Joining, Vol.16(4), pp 325- 42.

[48] S. Ji, Y. Jin, Y. Yue, L. Zhang & Z. Lv, O efeito da geometria da ferramenta no comportamento

do fluxo de material da soldadura por fricção da liga de titânio, Engineering Review, Vol. 33, Issue 2, 107-113, 2013.

[49] Srinivasan Swaminathan, Keiichiro Oh-Ishi, Alexander P. Zhilyaev, Christian B. Fuller, Blair London, Murray W. Mahoney e Terry R. Mcnelley, Peak Stir Zone Temperatures during Friction Stir Processing, Metallurgical And Materials Transactions-A, Vol. 41A, março de 2010.

[50] Sung-Wook Kang, Beom-Seon Jang, e Jae-Woong Kim, Um estudo sobre a análise do fluxo de calor da soldadura por fricção numa zona afetada pela rotação, Journal of Mechanical Science and Technology 28 (9) (2014) 3873-3883.

[51] Sutton M. A., Yang B., Reynolds A. P., Taylor R., 2002. Estudos microestruturais de soldaduras por fricção em alumínio 2024-T3. Ciência e Engenharia dos Materiais: A. 323(1-2): 160-166.

[52] T. Minton, D.J. Mynors, Utilisation of engineering workshop equipment for friction stir welding, Journal of Materials Processing Technology, Elsevier, 2006.

[53] Terry Khaled, "An Outsider Looks at Friction Stir Welding", Relatório: ANM- 112N-05-06, Administração Federal da Aviação, Paramount Boulevard, Lakewood, julho de 2005

[54] Thomas W. M , Nicholas E. D., 1997. Soldadura por fricção para as indústrias de transportes. Materials & Design 18(4-6): 269-273.

[55] Thomas, W. M., Friction stir welding-process developments and variant techniques, The SME Summit (2005): 3-4.

[56] Y.H. Yau, A. Hussain, R.K. Lalwani, H.K. Chan, e N. Hakimi, Estudo da distribuição de temperatura durante o processo de soldadura por fricção da liga de alumínio Al2024-T3, International Journal of Minerals, Metallurgy andMaterials Volume 20, Número 8, agosto de 2013.

[57] Ying Li, L. E. Murr, McClure J. C., 1999. Visualização de fluxo e microestruturas residuais associadas à soldadura por fricção de alumínio 2024 a alumínio 6061. Ciência dos Materiais e Engenharia A 271(1-2): 213-223.

[58] Z. Zhang, J. T. Chen, Z. W. Zhang, H. W. Zhang, Coupled thermo-mechanical model based comparison of friction stir welding processes of AA2024-T3 in different thicknesses, Journal of Material Science, Springer, 2011.

[59] Z. Zhang & H. W. Zhang, A fully coupled thermo-mechanical model of friction stir welding, Int J Adv Manuf Technol (2008) 37:279-293.

[60] Zhili Feng, Xun-Li Wang, Stan A. David e Phil Sklad, Modeling of residual stresses and

property distributions in friction stir welding of aluminium alloy 6061-T6, 5thInternational Friction Stir Welding Symposium, Metz, França, 2004.

III. Livros

[61] Ranjith K Roy, Design of Experiment using Taguchi Approach, John Wiley & sons, EUA, 2001

[62] Shonda & Jeffrey Sklar, Manual do Minitab, Pearson Education, Inc., 2013.

[63] Manual Técnico sobre Soldadura por Fricção, ESAB, TWI.

IV. Softwares

Documentação do HyperWorks® Release 12.0, Altair Inc.

MINITAB 17.0

GLOSSÁRIO

Glossário de termos

Os termos e definições que se seguem foram adaptados de várias fontes.

Análise de variância (ANNOVA) - Uma ferramenta de análise estatística que separa a variabilidade total encontrada num conjunto de dados em duas componentes: factores aleatórios e sistemáticos. Os factores aleatórios não têm qualquer influência estatística no conjunto de dados dado, enquanto os factores sistemáticos têm. O teste ANOVA é utilizado para determinar o impacto que as variáveis independentes têm na variável dependente numa análise de regressão.

Modelo analítico - Trata-se de um modelo virtual tridimensional de elementos finitos desenvolvido com recurso a software de modelação e simulação. O modelo é simulado através da aplicação de condições de fronteira e resolvido para obter os resultados de observação de acordo com os objectivos da investigação.

Conceção de experiências (DOE) - É uma abordagem sistemática e rigorosa à resolução de problemas de engenharia que aplica princípios e técnicas na fase de recolha de dados, de modo a garantir a produção de conclusões de engenharia válidas, defensáveis e sustentáveis.

Análise de elementos finitos (FEA) - É um tipo de programa de computador que utiliza o método dos elementos finitos para analisar um material ou objeto e descobrir como as tensões aplicadas afectarão o material ou o design. A análise é feita através da criação de uma malha de pontos na forma do objeto que contém informações sobre o material e o objeto em cada ponto para análise

Soldadura por fricção (FSW) - É um processo de soldadura em estado sólido em que os materiais utilizados para a soldadura não excedem os seus pontos de fusão. Neste processo, o calor gerado durante o contacto entre a ferramenta e o substrato é utilizado para soldar os materiais.

Zona afetada pelo calor (ZTA) - Nesta região, o material sofre um ciclo térmico que modifica a microestrutura e as propriedades mecânicas. No entanto, não ocorre deformação plástica nesta zona. **Modelo -** Uma representação de uma situação real.

Modelo físico - Trata-se de um modelo real constituído pela ferramenta e pela peça de trabalho, que são tangíveis. Requer uma instalação experimental. As amostras são desenvolvidas utilizando a configuração experimental e depois são observadas com a abordagem necessária para cumprir os objectivos.

Gráfico de dispersão - Um gráfico que mostra a relação entre duas variáveis num estudo; cada ponto representa um sujeito. Uma variável é traçada ao longo do eixo horizontal; a outra variável é traçada ao longo do eixo vertical.

Simulação - É o processo de conceção de um modelo de um sistema real e de realização de experiências com esse modelo com o objetivo de compreender o comportamento do sistema ou de avaliar várias estratégias de funcionamento do sistema.

Zona termomecanicamente afetada (TMAZ) - A região onde o material é afetado pelo calor de fricção e deformado mecanicamente pela ferramenta de soldadura por fricção.

Parâmetros de soldadura - Dados ou propriedades técnicas relativos a uma máquina ou sistema. Os parâmetros de soldadura incluem o tempo de soldadura, o tempo de espera, a amplitude percentual e o gatilho.

Nugget de soldadura - O centro da soldadura, normalmente designado por "zona nugget", é constituído por uma estrutura de grão muito fino.